デジタル・プラットフォーム解体新書

—— 製造業のイノベーションに向けて ——

高梨千賀子
福本　勲
中島　震
編著

近代科学社

◆ 読者の皆さまへ ◆

平素より，小社の出版物をご愛読くださいまして，まことに有り難うございます．

㈱近代科学社は1959年の創立以来，微力ながら出版の立場から科学・工学の発展に寄与すべく尽力してきております．それも，ひとえに皆さまの温かいご支援があってのものと存じ，ここに衷心より御礼申し上げます．

なお，小社では，全出版物に対してHCD（人間中心設計）のコンセプトに基づき，そのユーザビリティを追求しております．本書を通じまして何かお気づきの事柄がございましたら，ぜひ以下の「お問合せ先」までご一報くださいますよう，お願いいたします．

お問合せ先：reader@kindaikagaku.co.jp

なお，本書の制作には，以下が各プロセスに関与いたしました：

・企画：小山 透，冨髙琢磨
・編集：冨髙琢磨
・組版：大日本法令印刷（LaTeX）
・印刷：大日本法令印刷
・製本：大日本法令印刷（PUR）
・資材管理：大日本法令印刷
・広報宣伝・営業：山口幸治，東條風太

※本書に記載されている会社名・製品名等は，一般に各社の登録商標または商標です．
※本文中の ©, ®, ™ 等の表示は省略しています．

・本書の複製権・翻訳権・譲渡権は株式会社近代科学社が保有します．
・ JCOPY 〈(社)出版者著作権管理機構 委託出版物〉
本書の無断複写は著作権法上での例外を除き禁じられています．
複写される場合は，そのつど事前に(社)出版者著作権管理機構
(https://www.jcopy.or.jp，e-mail: info@jcopy.or.jp) の許諾を得てください．

まえがき

本書の目的と背景

　2000年代から世界の隅々でゲームチェンジが起き始めました．1980年代から1990年代にアメリカとヨーロッパで起き，2000年代の日本で起きたデジタル・エレクトロニクス産業のゲームチェンジが，自動車産業を含むインダストリー全域へ広がっています．農業でも，また金融や小売などのサービス産業を含む，ほぼすべての業種へ広がる兆候がはっきり見えてきました．価値形成の場も価値形成のメカニズムも，そして競争のルールも世界中で変わろうとしているのです．私たちはこれを100年ぶりに到来した第3次経済革命と位置づけました．21世紀の世界が新しいイノベーション・モデルを必要としています．

　本書は現実に起きているこれらの背景を歴史的変遷と技術的変遷の両方から紹介します．その中核となるデジタル・イノベーションやデジタル・プラットフォームについては，単なる技術の視点だけでなくビジネスと技術の両面から本質を解き明したい．イノベーション・モデルの転換やプラットフォームの役割についても，技術基盤としてのソフトウェアとビジネス思想としてのオープン＆クローズ戦略という，2つの視点から紹介したい．こんな思いで本書が企画されました．

第1次経済革命，第2次経済革命

　18世紀の後半に起きた産業革命は，人類が千年以上にわたって蓄積した"経験"の産業化でした．その代表的な事例が蒸気エンジンを動力にした機械式の織機工場であり，これによって生産性が飛躍的に高まりました．賃金が圧倒的に安かったインドの繊維産業で

すら，賃金が最も高かったイギリスにコストで勝てなくなったのです．

14世紀から18世紀前半までは100年かかっても生産性がわずか数十％向上したに過ぎません．人口もさほど増えていませんでした．しかしながら第1次経済革命が始まる18世紀の後半から，人口増加と経済成長が同時に進んだだけでなく，人々の暮しが一気に20倍も豊かになりました．王侯貴族の豊かな暮らしを多くの人々が享受できるようになったのです．この意味で経済史家は"経済革命"と呼びます．

100年後の19世紀後半からドイツや北米で起きた第2次経済革命は，科学者が発見した自然法則を起点にして起きました．自然法則の組合せが基礎技術を生み，基礎技術が，たとえば蒸気機関の機能と性能を飛躍的に高めるとともに汽車や汽船のコストを下げ，輸送コストが劇的に下がりました．さらに化学産業や電機産業など，人類が経験し得なかった新たな産業も基礎技術の組合せによって生まれ，通信コストが50分の1から100分の1に下がったと言われています．輸送スピードや通信スピードが劇的に速くなったのは言うまでもありません．

これによって価値形成のメカニズムが変わり，産業構造も市場の競争ルールも変わってゲームチェンジが次々に起きました．この意味で第2次経済革命は"自然法則"の産業化と言ってもいいでしょう．生産性が飛躍的に高まったのは言うまでもありません．

第3次経済革命とその特徴

本稿が焦点を当てる第3次経済革命が第1次や第2次と大きく異なるのは，デジタル化やソフトウェアというこれまでとまったく異なる技術体系が起点となって起きたことです．その背後にあったのが情報へのアクセス・スピードとアクセス・コスト，膨大な情報の発生とその保存コスト，情報の処理スピードと処理コストなどの

劇的な変化でした．

インターネットを使えば多種多様な情報をほとんど無償でしかも瞬時に検索できる現状，あるいは世界中で20億人を超える人びとがSNSで情報交換している現状やネット通販が日常生活で必須となった現状を見れば，その一端が理解されるでしょう．

ここから約100年ぶりに価値形成のメカニズムが変わり，産業の構造も市場の競争ルールも変わります．21世紀の世界の隅々で次々にゲームチェンジが起きる第1の背景がここにありました．

このゲームチェンジを加速させたのがデジタル化の進展を背後で支えるマイクロプロセッサ (MPU) であり，MPUをエンジンにして進化し続けるソフトウェア技術です．MPUは半導体の微細化技術だけでなく組込みソフトウェアによって性能・機能が進化し，その性能が10年で100倍も向上するという驚異的なものでした．現在も進化し続けています．

いうまでもなくデジタル化やソフトウェアは自然法則でなく，人工的な論理体系を活用して生まれた技術です．この意味で私たちは第3次経済革命を"論理体系"の産業化と定義しました[1]．私たちは神が作った自然法則を変えることはできませんが，人間が作った論理体系なら自由自在に変えることができます．

ここからグローバル市場の構造も競争のルールも，人間の手で事前設計できるようになりました．オープンなエコシステム型産業構造の出現です．また価値形成の場を従来のモノやアセット（製品資産）という目で見て手で触れるフィジカルな空間（実世界）から，デジタル・プラットフォームなどと呼ばれるサイバー空間（仮想空間，ソフトウェアの束）へ，人為的にシフトさせることも可能になりました．いわゆるIoT型産業構造の出現です．

本書が焦点を当てるデジタル・イノベーションやデジタル・プラ

---

[1] "経験"の産業化，"自然法則"の産業化，および"人工的な論理体系"の産業化などの定義と背景については小川紘一，『増補改訂版 オープン&クローズ戦略』，翔泳社刊 (2015) の第2章と補論を参考にしてください．

ットフォームは，このサイバー空間で起きているさまざまな事象を解き明かすキーワードです．今を時めく Google や Amazon も，あるいはアメリカの Uber や中国の DiDi Chuxing（滴滴出行）も，価値形成の主たる場がモノではなくサイバー空間に位置取りされています．ドイツのインダストリー 4.0 (Industrie 4.0) も日本の Society 5.0 も例外ではありません．

この意味で，第1次や第2次の経済革命が産業資本主義の時代だとすれば，第3次経済革命はサイバー資本主義の時代と言ってもよいでしょう．資本主義の基本原理は，差異を創り出すことであり差異化によって利潤を追求することです[2]．これを総称して価値形成と定義しますが，第3次経済革命では，利潤を産み出すための差異化の場がモノ/アセットから仮想化されたサイバー空間（デジタル・プラットフォーム）へシフトするのです．21世紀にゲームチェンジが次々に起きる第2の背景がここにありました．

第3次経済革命が第1次や第2次と大きく異なるもう1つの点は，インダストリーだけでなく，農業，エネルギー，あるいは金融，小売，輸送，医療・介護などのサービス産業，そして人々の日常生活でさえ価値形成の場がサイバー空間へシフトし始め，次々にゲームチェンジが起きようとしている点です．その確かな兆候がはっきり見えてきました．ソフトウェアで表現された技術もソフトウェアの力で形成される価値もサービスも，伝播スピードが非常に速くしかも限界コストがほぼゼロなので，サイバー資本主義が瞬時に世界の隅々へ広がるでしょう．

これほど多くの分野で価値形成の場もメカニズムも一斉に変わるのなら，2030年代の世界経済や政治は，そして私たちの生活はどんな姿になるでしょうか．数百年前から蓄積してきた社会科学の体系が機能不全になる可能性さえ否定できません．すでにイノベーション・モデルはもとより経営学や経済学にもその兆候が見え隠れし

---

[2] 岩井克人『二十一世紀の資本主義』，ちくま学芸文庫，(2006).

ています．機能不全の吹出し口が私たちの近くの，どこかに潜んでいるのです．

　第1次経済革命が進み，第2次経済革命の兆候が見え始めた19世紀の前半は，類似の機能不全が人々の日常生活に広く顕在化していった時期でした．哲学や芸術の世界であっても例外ではなく少し遅れただけだったと思います．

価値形成の場がサイバー空間へシフト

　2000年代の初期にアメリカのスタートアップ企業がクラウドの概念を商用化し，低コストで普及させました．2010年ころから始まるクラウド技術の階層的な進化，すなわち仮想化された巨大なデータセンターがIaaSとPaaS, SaaSの組合せ型へ進化することによって，サイバー空間にデジタル・プラットフォームが出現したのです．

　価値形成の場とメカニズムが大規模に変わるのはこの時期からです．その主役となった企業がGAFAと呼ばれるGoogle, Apple, Facebook, Amazonであり，そしてまたYahoo, Twitter, Salesforce.comなどです．中国のBATJ (Baidu, Alibaba, Tencent, Jin-Don)はもとより，UberやDiDi Chuxing, Air bnbもここに加えていいでしょう．

　GAFAは伝統的な大企業だったIBMやOracleなどを瞬時に追い越し，主役交代が始まりました．たとえば2017年秋にGoogleの時価総額がIBMを遥かに超えて5倍に至っています（トヨタの約4.5倍）．中国でも同じことが起きています．

　その背景で起きていたのは，技術進歩を生産性に結びつけるメカニズムが，ネットワーク効果，プラットフォーム効果，ロックイン効果などであり，モノ造りモノ売りの場合とまったく変わってしまいました．20億人以上に及ぶ世界中の人々が巨大なエコシステムのメンバーになったからです．21世紀に世界の隅々でゲームチェ

ンジが起きる第3の背景がここにもあります．

オープン&クローズ戦略思想の広がり

　デジタル・プラットフォームの至るところへオープン&クローズ戦略が広がっています．たとえばプラットフォーム上でユーザーが利用するWeb APIはその記述仕様がオープンであり，ここで作られたサービスもAPIのオープンなヘッダー（外部仕様）を経由して他の多くのプラットフォームから自由自在に呼び出すことができます．しかしこれらのサービス情報が含まれるAPIの内部仕様は実質的にクローズとなっているのです．

　GAFAやBATJは，APIそれ自身のオープン&クローズ思想で巨大なネットワーク効果を生み出しながら急成長してきたと言ってもよいでしょう．

　一方，デジタル・プラットフォーム（特にクラウドのIaaSやPaaS）それ自身の性能アップや機能アップのための内部アプリケーション，たとえばPaaSで使われる独自のAPIや独自の開発環境，あるいはデータセンターとやり取りするIaaSの高度な内部APIは決して公開されないクローズ領域に存在しており，プラットフォームのオーナーが独占しています．特別の契約を締結しないと使えないのです．たとえオープンソースで構築されたデジタル・プラットフォームであっても，その背後にクローズ領域を持って管理運営されているのです．

　ここにはオープン化による期待形成とクローズ領域が産み出す差異化（利潤創出）とを同じプラットフォームで共存させる構造が人為的に事前設計されており，プラットフォームが自己増殖して寡占/独占へ向かい始めました．オープン化が実質的に巨大なクローズ領域を作り出して寡占/独占化へ向かうようになる，と言ってもよいでしょう．

　その背景にあるのがAPIを駆使したデータのオープン&クロー

ズ戦略と，これが加速するネットワーク効果であることを，再度強調したいと思います．

世界の国々がイノベーションモデルの再構築へ向かう

　ドイツは，サイバー空間で急成長するアメリカ企業とモノ/アセット空間で急成長する中国企業の台頭を目にし，その対応策として2012年にインダストリー4.0をアナウンスしました（2010年ころから準備，2015年からドイツ政府が直接関与）．

　その基本思想がCPS (Cyber Physical Systems) であり，アメリカが強いサイバー空間と中国が強いモノ/アセットのフィジカル空間とを連動させ，アメリカや中国とは異なる新たな価値を形成しようとする一連のイノベーション・モデルです．

　ここではオープン&クローズの戦略思想がモノ/アセットよりもむしろサイバー空間へ広がっています．モノ/アセット空間とサイバー空間をまたぐスケールの大きなオープン&クローズ戦略も出てきました．

　たとえばインダストリー4.0を支えるレファレンス・アーキテクチャ (RAMI4.0) では，モノ/アセット側から出るデータが集まる管理シェルのヘッダーとデータモデルがオープン標準化へ向かおうとしています．これによって管理シェルがオープンAPIと類似の機能を持つようになり，フィジカル空間のモノ/アセットがサイバー空間のAPIエコノミーに取り込まれやすくなると言ってもよいでしょう．

　あるいはコンポーネントとしてのモノ/アセットをAPI経由で自由自在に組み合わせて新結合し，ここから新しい価値を創るアーキテクチャ思考イノベーションの場がデジタル・プラットフォーム（サーバー空間）へ移行する，と言ってもよいでしょう．これによってモノ/アセット側でネットワーク効果を創り出せる可能性が出てきました．

まえがき

　しかしながら価値を創る場としてのデジタル・プラットフォームでは，これを背後で支える深部（特に IaaS の全体像）が実質的に非公開のクローズ領域によって管理運営されています．モノ/アセット側であっても価値形成の多くをプラットフォームのオーナーに委ねざるを得ない，こんなケースが多く出てくるでしょう．したがってたとえばモノ/アセットのレイヤーを多層化し，モノ/アセット側が発生するデータに対してさらに高度なオープン&クローズ戦略が必要となりました．

　アメリカやドイツで始まるイノベーション・モデルの転換を見た中国政府は，2015 年の 5 月にインターネット・プラス (Internet Plus) を，また 6 月に中国製造 2025 を国家プロジェクトとしてスタートさせました．後者は価値形成の場が当面はモノ/アセット中心ですが，徐々にインダストリー 4.0 と同じ CPS へ向かうでしょう．

　一方，前者では主たる価値形成の場が最初からアメリカの GAFA と同じサイバー空間であり，中国が進める "一帯一路" 国際政策のデジタル経済国際合作を支えるデジタル・プラットフォームとして，アジアや中東諸国へ広がろうとしています．2030 年までには世界のパワーポリティクスがさらに大きく変わっていくでしょう[3]．

　日本は 2016 年の 1 月に Society 5.0 を Innovation Facilitation Platform としてスタートさせました[4]．日本は非常に多くの業種を国内にバランスよく持つ国なので，インダストリーだけでなく，農業だけでも，金融や小売だけでもなく，医療・介護，エネルギー産業なども含む多くの業種を，すべてサービス API 経由で自由自在に新結合させる Mashup によって他国にない新しい価値形成へ

---

[3] ドイツの生産性がイギリスに追いついたのが 19 世紀末で第 1 次経済革命の約 100 年後．ここから世界のパワーポリティクスが大きく変わりました．
[4] Society5.0 については上條，小川，『IoT 時代に向けた我が国イノベーションモデルの再構築に向けて (1)』，東京大学政策ビジョン研究センター (2018)．PARI-WP, No.27, 第 6 章，3 を参照．

向かおうとしているのです.

　日本もドイツと同じ CPS が基本思想ですので,価値形成の場が徐々にサイバー空間へ移行していくでしょう.しかし同時に日本では,モノ/アセットの価値形成メカニズムそれ自身も高度に進化させなければなりません.戦略の基本は,強い領域をさらに強くすることであり,弱い領域は先端を行く国から学んで補完していくことですから.

　いずれにせよ,第 3 次経済革命を特徴づけるこれらの潮流,すなわち価値形成の場がデジタル・プラットフォーム(サイバー空間)へシフトするイノベーション・モデルが世界中に広まっているのです.こんなことは人類史上初めてのできごとではないでしょうか.このような経済を AFV (Asset Function Virtualization) の経済と定義しました[5].

本書執筆に至る経緯

　本書は,これまで紹介した 100 年に 1 度とも言うべき第 3 次経済革命の到来をふまえて企画されました.その中核になったのが 2015 年 6 月にスタートした第 3 次経済革命研究会です.2015 年はドイツ政府がインダストリー 4.0 へ本格的に関与した年であり,また 6 月は偶然にも中国政府が中国製造 2025 やインターネット・プラスを国家政策としてスタートさせた直後でした.

　同じ時期にスタートさせた私たちの研究会では,企業や官庁およびアカデミアから志を同じくする 10 人のメンバーが結集しました.いずれも個人の資格で自主的に参加し,個人の意見を言い合う場です.

　1.5 ヵ月から 2 ヵ月に 1 度の研究会でしたが,3 年後の現在では 18 人がはせ参じる大きな研究会へ成長しています.午後の 1 時か

---

[5] 小川紘一,巻頭言,『研究　技術　計画』,Vol.33, No.4, p.296 (2018).

ら6時までの5時間にもおよぶ研究会ですが，ここで取り上げられるテーマは2件かせいぜい3件であり，1つのテーマに2時間も3時間も議論し合うことさえ珍しくありません．

　第1次と第2次経済革命は，50年以上，場合によっては100年という3世代から4世代にまたがるゆっくりとした変化であり，人々も社会システムも世代交代しながら適応しました．

　それでも社会科学は現実社会の変化へ追いつけなかった．価値形成のメカニズムや競争ルールの変化を好機と捉えて興隆するキャッチアップ型の国が国際秩序の不安定要因となり，多くの戦争が起きたのは皆さんがよく知る事実です．21世紀の私たちの時代でこの事実がまた繰り返される可能性が高いのです．すでにその兆候が見え隠れしています．

　今回の第3次経済革命は20年からせいぜい30年で世界中へ広がる革命ですので，世代交代によって若い人が適応する時間的な余裕がなく，個人も企業も行政も自分たちの世代で適応しなければなりません．さらにグローバルな経済やパワーポリティクスが不安定にならないソフトランディングのための制度も，私たちの世代で設計しなければなりません．

　しかし今回は価値形成のメカニズムが過去200年とまったく異なるだけでなく，産業構造も競争ルールも瞬時に一変しますので，その本質を早く・速く見極めなければなりません．不安定要因を事前に排除する国際的なルールを早く・速く作られなければ，国も企業も人々の生活も非常に混乱するでしょう．すでにその兆候が中国とアメリカとの間に見えてきました．

　人間の意識や社会制度・経済システム，さらには企業制度や組織能力は，急な変化に追いつけない．特に日本は中間層によるボトムアップの国ですので，変化への適応がどうしても遅くなってしまう．

　したがって，今回の大規模な変化の背景とこれがもたらす将来像をコンパクトに整理して共有し，具体的な行動につなげていくための地図とコンパスが必要です．しかしコンパスはもとより，たとえ

10万分の1の粗い地図作成であっても私たちの人智を遥かに超えます．高度な専門知識や経験を持つ人がそれぞれの分野で起きていることを紹介し合い，試行錯誤で地図とコンパスを作る以外に手がありません．

こんな思いを持って私たちは，第3次経済研究会をスタートさせました．ここにIT/ICT関連企業はもとよりアカデミアからでも，特にデジタル・プラットフォームやソフトウェアの実務と理論に造詣の深いメンバー，経営戦略やビジネスモデルの専門家，スタートアップの経営者，知的財産マネジメントの専門家など，プロ中のプロに結集してもらいました．

メンバーには，日本はもとより欧米や中国の産業と企業の実態を理解している人々が多くいました．これらの人々の見聞や経験を交換し合うプロセスで，現在起きていることを歴史的な視点と技術的な視点，そしてビジネスの視点から解き明かし，地図とコンパスを作ろうとしてきました．

私たちは少し過剰反応して第3次経済革命研究会をスタートさせたかも知れません．しかし3年目に入った現在の視点から2020年代や2030年代の世界を考えるとき，当時の捉え方は間違っていなかったと思っております．

本書の執筆に参加したいと希望するメンバーがたくさんおりました．しかしほぼ全員がそれぞれの部門で重責を担う人ばかりであり，日常の仕事で超多忙な方ばかりでしたので，メンバー全員でなく結果的に，約半数の8人による共同執筆となりました．しかし8人が書き記した内容には，いずれも18人のメンバー全員が貢献してきたことを再度強調したいと思います．

とはいっても，デジタル・プラットフォームという100年に1度とも言うべき価値形成の場の登場と産業構造や市場構造の変化，競争ルールの変化などが，日本企業の国際競争力や国の雇用，付加価値生産性，持続的な経済成長，あるいはグローバルなパワーポリティクスにどのような影響を与えるか，などについてはそれなりに

議論はしましたが本書に反映できていません．

　またサイバー資本主義では，私たちが築き上げる価値の多くがモノやアセット（製品資産）という有形資産ではなく，サイバー空間のソフトウェアやサービスなどの無形資産として蓄積され，将来これが世界の数十億人もの人が利用するようになります．現在ですら主要な SNS の利用者が 20 億人を超えていますので．

　したがって世界の経済や人々のライフスタイル・行動に与える影響力は，これまでと比較にならないほど大きい．このような経済は本質的に安定なのでしょうか，あるいは不安定なのでしょうか．

　もし不安定ならその要因を排除するための制度設計はどうあるべきなのか？　政策部門や企業の組織はどうあるべきか？　あるいはこの時代環境に適応するために学ぶべき科学技術体系はどうあるべきなのでしょうか？

　今後考えなければならないことが非常に多いのですが，私たちはこれらのいずれにも手をつけられませんでした．別書に譲りたいと思います．

平成 30 年晩秋の東京にて

小川　紘一

執筆者一覧

(五十音順)

内平 直志（第4章）
　北陸先端科学技術大学院大学 知識マネジメント領域

大谷 純（第6章7節）
　特許庁 審査第一部

小川 紘一（まえがき）
　東京大学 政策ビジョン研究センター

高梨 千賀子
　（編者，序章・第1章・第3章・第5章6節・第6章1節と8節）
　立命館アジア太平洋大学 国際経営学部

中島 震（編者，序章・第1章・第2章）
　情報・システム研究機構 国立情報学研究所

中村 公弘（第6章2節〜6節）
　東芝デジタルソリューションズ（株）

野中 洋一（第5章2節と4節）
　（株）日立製作所 研究開発グループ

福本 勲（編者，第1章・第5章3節〜7節）
　東芝デジタルソリューションズ（株）

山本 宏（第5章3節〜4節）
　（株）東芝

目　次

まえがき　　　　　　　　　　　　　　　　小川　紘一　　i
執筆者一覧　　　　　　　　　　　　　　　　　　　　　xiii

序　章　　　　　　　　　　　中島　震　高梨　千賀子　　1

第1章　デジタライゼーションの時代
　　　　　　　　　高梨　千賀子　福本　勲　中島　震
　　1.1　製造業イノベーション ………………………………　9
　　1.2　コネクティビティ ……………………………………　10
　　1.3　インダストリアルIoT ………………………………　13
　　1.4　基本思想としてのCPS ……………………………　15
　　参考文献 ……………………………………………………　18

第2章　ソフトウェア技術の発展　　　　　　　　中島　震
　　2.1　ソフトウェアの特徴 …………………………………　19
　　2.2　テクノロジー・プラットフォーム …………………　24
　　2.3　CPS ……………………………………………………　33
　　2.4　スマートさ ……………………………………………　38
　　2.5　まとめ …………………………………………………　47
　　参考文献 ……………………………………………………　48

第3章　サービタイゼーションとプラットフォーム
　　　　　　　　　　　　　　　　　　　　　高梨　千賀子
　　3.1　コンピュータ技術発展の影響 ………………………　51
　　3.2　サービタイゼーションへの流れ ……………………　53
　　3.3　価値に対する考え方 …………………………………　54

3.4 新しいビジネスモデルの登場 …………………… 55
3.5 ビジネス・プラットフォームの議論 ………… 63
3.6 視点の整理 …………………………………… 70
3.7 両面プラットフォームモデルの成長メカニズム .. 72
3.8 まとめ ………………………………………… 76
参考文献 ……………………………………………… 76

第4章 イノベーション・デザイン　　　内平 直志

4.1 テクノロジー・プラットフォームとビジネス・プラットフォームの関係 ……………………………………… 79
4.2 デジタル・イノベーションのデザイン ………… 83
参考文献 ……………………………………………… 98

第5章 各国の動き―IoT推進の「場」―
　　　　　　　野中 洋一　福本 勲　山本 宏　高梨 千賀子

5.1 ドイツの動き ………………………………… 99
5.2 米国の動き …………………………………… 108
5.3 IIRAとRAMI4.0の連携 ……………………… 114
5.4 ドイツ以外の欧州諸国の動き ………………… 116
5.5 中国の動き …………………………………… 118
5.6 日本の動き …………………………………… 121
5.7 まとめ ………………………………………… 124
参考文献 ……………………………………………… 126

第6章 先進的な企業の取組み
　　　　　　　　　　高梨 千賀子　中村 公弘　大谷 純

6.1 事例を見る視点 ……………………………… 127
6.2 Siemens ……………………………………… 130
6.3 GE …………………………………………… 133
6.4 Bosch ………………………………………… 138

6.5	SAP	141
6.6	先進各社の取組みから学べること	142
6.7	プラットフォーム展開における知財戦略	147
6.8	まとめ	154
	参考文献	155

巻末参考文献	157
編者略歴	160
索　引	161

序　章

中島 震　　高梨 千賀子

「デジタル・プラットフォーム」という言葉

　「デジタル」という言葉を聞いて何を思い浮かべるだろう．ふと，机上の「デジタル時計」に目がいった．滑らかに動く秒針や分針が時を刻むアナログ時計に対して，時刻を表す数字がとびとびの値，離散的な値をとる．データ自身も，データに作用するプログラムも，これらすべての情報を0と1の離散的な値の列に表すデジタル・コンピュータの「デジタル」と同じニュアンスである．

　最近，デジタル・エコノミーという言葉を耳にする．ここでの「デジタル」は情報と通信の技術（Information and Communication Technologies, 以下ICT）を指す．ICTはデジタル・コンピュータを基盤とする技術体系であり，そこで，ICTを活用した経済活動をデジタル・エコノミーと呼ぶ．また，デジタル・エコノミーでは，「デジタル・プラットフォーム」が重要な役割を果たしている．この「デジタル・プラットフォーム」という言い方は，何か，不思議な響きを持つ．

　オブジェクト指向プログラミング言語Javaが登場したころ，「一度（プログラムを）書けば，どこでも実行できる」，Write Once Run Anywhere (WORA) といわれた．このWORAが意味する「プラットフォーム」非依存のプラットフォームは，オペレーティング・システムなどのアプリケーション・プログラム実行基盤のことである．つまり，プラットフォームはコンピュータ・ソフトウェアであって，「デジタル」であることが当然だろう．デジタル・プラットフォームの「デジタル」という冠言葉に違和感を覚える．

　デジタル・プラットフォームは，インターネットを活用したビジ

1

ネスの世界[1]から現れた．これらのビジネスはインターネットを共通技術（プラットフォーム）として利用する．もともと，インターネットはコンピュータをつなぐネットワーキング（ネットワーク化技術）のことである．つなぐ対象をビジネス・プレイヤーと考えてみよう．つまり，コネクティビティに基礎をおくビジネス・プラットフォームを指すと考える．このコネクティビティを実現するのはインターネットであってICTとしての「デジタル」を基盤とする．つまり，デジタル・ビジネス・プラットフォームであり，その省略形としてのデジタル・プラットフォーム，と理解すればよい．

「デジタル」は，デジタル・エコノミーやデジタル・プラットフォームだけでなく，デジタル・イノベーション，デジタライゼーション，デジタル・トランスフォーメーションなど，さまざまな言葉の中に現れる．これらの用語にICTの観点はない．新しいビジネスを論じる立場での，言葉の使い方である．実際，ビジネス・モデルは，ICTが登場する前の時代から，継続的に発展してきた．それが，ネットワークやソフトウェアといった「デジタル」の技術を活用することで，新しいビジネスを生み出したのである．もはやデジタルの技術抜きに経済活動を新しく興すことが難しい．デジタル・エコノミーと呼ぶゆえんであり，第3次経済革命の到来と言える．そして，このデジタル化（デジタライゼーション）の波が，影響を製造業に広げることで，モノづくりの世界を大きく変革する時代，製造業にイノベーションをもたらすに至った[2]．

デジタル・エコノミーの中心に位置するデジタル・プラットフォームには，ソフトウェア中心のICTが実現するテクノロジー・プラットフォームと，ビジネスの場としてのプラットフォームという2つの異なる概念が混在している．デジタル・プラットフォームを理解するには，学際的な視点から整理し，全体像を把握することが

---

[1] Google, Apple, Facebook, Amazon の頭文字から GAFA と呼ばれる企業群が代表する．
[2] Industrie4.0 や IIC といった活動が代表的である．

大切だろう．全体を理解することで，デジタル・プラットフォームの本質を解き明かす．これによって，インターネット・ビジネスがもたらした知見や技術の何が，製造業イノベーションの中核をなすかを理解できよう．同時に，製造業に固有の課題を明らかにする一助となる．

本書は，このような問題意識を共有し，個人の資格で集まった有志による調査研究の成果をまとめるものである．以下の方々（五十音順，敬称略）が，これまでに議論に参加された．

伊藤慎介　岩野和生　内平直志　益 啓純　大谷 純　小川紘一
尾木蔵人　奥村 洋　加納敏行　上條 健　河田 薫　白坂成功
関口智嗣　高梨千賀子　立本博文　豊島真澄　中島 震
中村公弘　西岡靖之　野中洋一　萩島功一　福本 勲　山本 宏
吉田朋央

なお，本書の内容は，各執筆者の考えに基づくものであり，執筆者の所属機関・勤務先などの考えを反映したものではない．

本書の構成

第 1 章は製造業イノベーションの背景と基本的な考え方としての CPS の発展を紹介する．製造業イノベーションの中核概念として論じられているスマート・プロダクトと CPS の関係を論じる．

第 2 章はソフトウェア・システム開発の観点からテクノロジー・プラットフォームの技術発展を概観する．このプラットフォームは，アプリケーション・プログラムを円滑に実行する基本機構にとどまらず，ソフトウェア開発および保守・運用に関わる技術からなる．また，製造業イノベーションを支えるテクノロジー・プラットフォームでは，CPS と機械学習といった新しいソフトウェア技術が重要な役割を果たす．

第3章はビジネス・プラットフォームの観点から，デジタライゼーションが可能としたビジネスモデルの背景を詳述する．従来のモノづくりが交換価値に基づく便益を論じたのに対して，サービタイゼーションに転換する過程で使用価値および文脈価値という考え方が生まれる．この価値に対する新しい見方を提示したS-Dロジックの価値共創の枠組みがビジネスモデルの骨格をつくる．そして，ビジネスの場としてのプラットフォームの発展を振り返り，デジタル・イノベーションの中で本質的な役割を果たすプラットフォームが，サービス基盤型モデルと両面プラットフォームモデルに分類できることを論じる．

　前半の最後に位置する第4章は，テクノロジー・プラットフォームとビジネス・プラットフォームを俯瞰し，デジタライゼーション時代のイノベーションをいかに進めていくかを論じる．テクノロジー・プラットフォームとビジネス・プラットフォームの本質的な違いは，価値共創に関わる主体的なアクターの有無にある．両者を密接に連携させることで，アジャイルなデジタル・イノベーションが成功する．このようなBizDevOps (Business-Development-Operations) を具体化する工学的な手法として，イノベーション・デザインの方法を紹介する．

　製造業デジタル・イノベーションは漸進的な側面と革新的あるいはラディカルな側面を併せ持つ．企業がどのように取り組むかは，おのおのが培ってきた経営資源・資産，組織文化，組織構造などの「企業の内部環境」に加え，競争状態や取引関係など市場でのポジションや，規制や制度といった政策などの「企業の外部環境」の影響を受ける．具体的には，ドイツのIndustrie4.0あるいは米国のIndustrial Internet Consortium (IIC) を中心とした外部環境の中で，代表的な企業が，どのような取組みを行っているかを見ていきたい．前半の3章は，このような現実世界の事象を整理し理解する視点を与える．

　後半の最初，第5章は，企業の外部環境に注目し，製造業イノ

ベーションの支援に向けた業界の動きおよび産業政策を概説する.欧米に加えて中国と日本も取り上げるが,ドイツならびに米国の動きを調べることで,製造業イノベーションを主導する政府あるいは公的な機関の狙いと実質的な活動を行っている業界団体の役割分担を,オープン&クローズ戦略から読み取ることができる.特に,我が国と同様に国の経済が製造業に大きく依存するドイツは,政府主導で,モノづくり関連の業界団体を巻き込んでIndusrie4.0を進めている.その主眼は,中小企業(ミッテルシュタント[3])が最新テクノロジーの恩恵を受けられることに置かれている.ドイツ経済の重要なプレイヤーが,スマート・ファクトリ化で遅れをとり弱体化することへの危機感が大きい.

ついで,第6章は,製造業デジタル・イノベーションをリードしている企業の具体的な事例を紹介する.特に,プラットフォーマとしての特徴を見ていく.また,プラットフォーマとしての戦略が,知財として,どのように現れているかを概説する.本書前半の3つの章で示した視点から,具体的な企業活動を分析することで,「企業の境界線」が柔軟に引き直される可能性があることがわかる.まさに,Porter and Heppelmann が競争戦略として論じた(広義の)IoT がつくるエコシステムであり,オープン&クローズ戦略が鍵となる.

本書が示す視点や事例は,製造業デジタル・イノベーションの全体像を描くものでなく,1つの解釈にすぎない.しかし,今後も現れる新たな現象を含めて,議論の土台になることを期待している.

---

[3] 小規模ながら世界的なシェアを持つ中小企業をミッテルシュタントと呼ぶ.

主な用語の解説

本書を読み進める上で参考となる重要な用語の一覧表.

- CPS　サイバー・フィジカル・システム (Cyber-Physical Systems). 米国の研究開発支援機関 NSF が提唱したソフトウェアの新しい見方. 研究開発支援施策から見た CPS を第 1 章で紹介し，基本的な考え方を第 2 章で解説する.
- IoT　コンピュータ以外の装置機器をモノと総称し，モノをネットワーク化する通信機構と組込みソフトウェア技術を基本とする狭義の IoT に加えて，ビジネス・エコシステムを指す広義の IoT という 2 つの意味を持つ. 第 2 章で解説する.
- S-D ロジック　サービス・ドミナント・ロジック (Service Dominant Logic) の略称. G-D ロジック (Goods Dominant Logic) が製品の交換価値を論じるのに対して，使用価値や文脈価値を中心とする見方を提供する. 第 3 章で解説する.
- ビジネス・エコシステム　ビジネスを遂行する際の事業環境を表す. 取引関係にある買い手や売り手，市場で競合する他社に加え，補完的製品やサービスを提供する企業なども含めた付加価値創出の環境. ビジネス・エコシステムの形成がイノベーションの成否を左右するようになってきている. 第 3 章で解説する.
- オープン&クローズ戦略　独占的・排他的使用権のクローズモデルと標準化やライセンス公開といったオープンモデルを組み合わせた競争戦略. 第 3 章で解説する.
- スマート・プロダクト　装置機器をソフトウェアで包み込むことで付加価値を持たせた製品. 高度な機能は（狭義の）IoT の仕組みによってつながるクラウド・コンピューティングで実現されることが多い. 第 1 章で説明する.
- デジタル・イノベーション　ICT とデジタル化されたデータを利活用するイノベーションでデジタル・エコノミーを推進する.

デジタル・プラットフォーム　本書ではテクノロジー・プラットフォームとビジネス・プラットフォームの2つから構成されるとする．本書が論じる主要概念の1つである．第1章で概念を導入し，第2章から第4章で詳述する．

バリューチェーン　価値連鎖 (Value Chain)．購買・製造・出荷・販売・サービスなど，企業の主活動を構成する各段階で価値が付加されていくこと．第3章と第6章で説明する．

両面市場（二面市場）　一般に，市場は供給と需要の2種類のアクターが取引を行う場であるが，両面市場はプラットフォームが2種類のアクターを結びつけて形成する市場のこと．複数のアクターを結びつける場合，多面市場とも呼ばれる．両面市場には強いネットワーク効果が働く．本書が論じる主要概念の1つである．第3章で説明する．

ロックイン効果　長期間継続して，同じ製品やサービスを利用することで，他製品への乗換えコスト（スイッチング・コスト）が大きくなり，他への移行が困難になること．囲い込み効果とも言う．第3章で説明する．

ネットワーク効果　製品やサービスの価値が利用者数に依存して大きくなること．直接の利用者でない第三者にとっての価値を高めることから，ネットワーク外部性とも言う．第3章で説明する．

第1章 デジタライゼーションの時代

高梨 千賀子　福本 勲　中島 震

　我々の日常生活からモノづくり現場の隅々まで，ソフトウェアが社会変革の担い手になる時代が到来した．新しい見方であることを強調して「デジタライゼーションの時代」と呼ぶ．

1.1 製造業イノベーション

　21世紀，最初の10年が過ぎたころ，「モノづくり」の我が国に欧米から大きな波が到来した．IoT[1]と人工知能[2]といった最新のコンピュータ技術が，つながる工場，考える工場，スマート工場 (Smart Factory) を実現し，製造業にイノベーションをもたらす．

　製造の場でのコンピュータ利用は，工場オートメーション (FA) から始まった．技能者の作業を模倣する「ロボット」が，製品製造の単機能作業を行う生産設備として導入された．この自動化は，生産性の向上に加えて，品質の向上に大きく貢献した．FAの技術はモノづくりの中核を担ってきたと言える．FA導入は，既存ビジネスの業務改善であり，漸進的イノベーションをもたらす．

　一方，スマート工場は，製造過程や装置製品から収集される大量のデータ，つまりインダストリアル・ビッグデータ，を分析し活用することで価値創造を狙う．既存ビジネスの延長ではなく，新たな価値を創造する取組みであり，革新的イノベーションや破壊的イノベーションを実現する．

　漸進的インベーションと革新的イノベーションは，イノベーショ

---

[1] Internet of Things.
[2] 人工知能の1分野である統計的な機械学習を指す．

ン研究において，推進すべき組織能力が異なることが知られている．日本企業が，第2次大戦敗戦後の混乱の中から世界に誇る技術大国になるまで，欧米先進国による革新的イノベーションに追随し，漸進的イノベーションを巧みに行ってきた．しかし，高度経済成長の時代を経て，国際的な技術リーダーになり，革新的イノベーションが求められると，停滞を余儀なくされた[3]．革新的イノベーション推進に求められる能力を欠いていた．

革新的な製造業デジタル・イノベーションのビジョンは，ドイツのIndustrie4.0で明確に述べられた．FA導入を第3世代とし，スマート工場を第4世代の製造革命とする．なお，第1世代はイングランドの産業革命における蒸気機関の利用，第2世代は電力の動力としての利用を指す．また，Industrie4.0と相前後して，米国からインダストリアル・インターネットが発信された．イングランドの産業革命を第1の波，インターネット革命を第2の波とし，これに続く第3の波[4]としてのインダストリアル・インターネットが製造業に大きな変化をもたらすとした．

ドイツと米国で，多少の違いがあるものの，スマート工場の背景には，インターネット関連ソフトウェア技術を製造業イノベーションに活用する，という共通の考え方がある．

1.2 コネクティビティ

製造業デジタル・イノベーションの背景として，インターネット・ビジネスの特徴を見ていく．

1.2.1 インターネット・ビジネス
1993年，未来シナリオを描くテレビ・コマーシャルシリーズ[5]

---

[3] 榊原清則，『イノベーションの収益化–技術経営の課題と分析』，有斐閣 (2005).
[4] 両者で世代の定義が異なることに注意して欲しい．
[5] AT&T, "You Will".

「こうなるだろう」が米国で放送された．インターネット[6]がコネクティビティを実現する時代，無線ネットワークとタブレット端末を使った新しいサービスを日常生活のさまざまな場面で利用する．このCMは，TV電話，遠隔会議，電子ショッピング，オン・デマンド映像サービスなどを映像化することで，新しいサービスの姿を一般視聴者にわかりやすく伝えた．

その約20年後，私たちは「こうなった」日常を過ごすことになる．ところが，「CMが予言したとおりの世界になったが，1つだけ違った．ネットワークを整備したAT&Tはシナリオを実現できなかった」と指摘[7]されている．高速大容量ネットワークはコネクティビティに不可欠な仕組みである一方，ネットワークだけでは「こうなるだろう」のシナリオを実現できない．ソフトウェアが鍵だった．

コネクティビティに基づく新しいサービスを実現したのはインターネット・ビジネスの企業である．便宜上，GAFA[8]企業と総称しよう．インターネットの魅力的な使い方を試行錯誤する中から，それまでになかったアプリケーション機能・サービスを現実のものとした．サービスは，製品と対比される概念であるが，ここでは，アプリケーション・サーバが提供する機能，つまり無形の効果のことをいう．

ネットワークは地理的に離れたところでサービスを享受する仕組みを提供する．一方，価値あるサービスは，利用者が期待する機能を実現したソフトウェアが創り出す．そのソフトウェアの実体は，大規模・複雑化しがちなプログラム[9]にほかならない．

ビジネスの世界で生き残るには，新しいアイデアを，いち早く，

---

[6] 世界中に張りめぐらされたThe Internet.
[7] https://www.vox.com/2014/9/6/6113853/we-live-in-the-future-at-t-imagined-in-1994.
[8] Google, Apple, Facebook, Amazonの頭文字からなる．
[9] ソフトウェアは抽象名詞であって，コンピュータ上で作動する実体はプログラムである．以降，本書では，誤解が生じない場合，ソフトウェアとプログラムを区別しない．

ソフトウェアとして実現し,サービスを提供する.GAFA企業は,B2C[10]やC2Cのドメインで,イノベーション継続の基礎となるソフトウェア技術を持つ.ソフトウェア技術こそが,競争に勝ち残るための経営資源と言ってよい.

　GAFA企業は,プラットフォームを提供するという意味で,プラットフォーマ[11]あるいはプラットフォーム企業と呼ばれる.ここで,プラットフォームには,共通基盤となるソフトウェア技術とビジネスの場という2つの意味がある.GAFA企業は,前者のテクノロジー・プラットフォームを実現技術として,ビジネスの場としてのプラットフォームを形づくる.ところが,インターネットの商用化とともに生まれたビジネス[12]であることから,GAFA企業に関する議論では,テクノロジー・プラットフォームとビジネスの場としてのプラットフォームの区別が明らかでない.これら2つの観点が表裏一体と見なされている[13].むしろ,プラットフォームという言葉に流れる,テクノロジーとビジネスのおのおのの機能,役割りを明確に切り分けて理解すべきだろう.これによって,GAFA企業が対象としてこなかったB2Bの代表セクターである製造業デジタル・イノベーションへの展開や適用可能性を論じることが可能になる.

1.2.2　インターネットとコネクティビティ

　ここで,ネットワークとコネクティビティについて,本書での言葉の使い方を整理しておく.ネットワークは通信を支える仕組みを指す.ネットワーク化は,ネットワーキング,コンピュータをネットワークでつなぐことを意味する.なお,人や組織をつなぐこと

---

[10] B2CはBusiness-to-Consumer,C2CはConsumer-to-Consumer,B2BはBusiness-to-Businessをそれぞれ指す.
[11] M. Kenney and J. Zysman, The Rise of the Platform Economy, Issues in Science and Technology, Vol.32(3), pp.61-69, (2016).
[12] インターネットの特徴を生かしたサービスを提供する.
[13] 誤解されていると言える.

もネットワーク化と呼ぶが，その違いは文脈から明らかなことが多い．

ネットワークとネットワークをつなぐインター・ネットワーキングでは，インターネット・プロトコルが事実上の標準となっている．このインターネット・プロトコルを用いてつないだネットワークの集まり全体をインターネットと呼ぶ．我々がスマートフォン等で，日常，利用するインターネットは，世界中に張り巡らされていてどこからでも使える．唯一のインターネットを共有しているように見える．そこで，固有名詞として The Internet と表記する．インターネット・ビジネスは The Internet を共通基盤としている．

コネクティビティは，ネットワーク化に加えてソフトウェア技術を駆使した高い抽象レベルで「つながる」ことで，有用なサービスを提供することである．つまり，ソフトウェア技術が本質的な役割りを果たす．たとえば，コネクティビティの代表例である Social Network Services (SNS) は，アプリケーション・ソフトウェアが提供する機能・サービスによって，The Internet 上で，人と人がつながる世界，人のネットワーク化を実現している．

また，コンピュータ以外の装置機器をモノ (Things) と総称する．モノをインターネットにつなげることは，Internet of Things (IoT) と言える．特に，通信の基盤あるいは仕組みを意味するときは狭義の IoT と呼ぶ．

1.3 インダストリアル IoT

コネクティビティは，スマート工場からスマート・プロダクトへと，製造業に革新的なイノベーションをもたらす．

1.3.1 スマート・プロダクト

製造業デジタル・イノベーションでは，コネクティビティは，IoT と言葉を変える．製品，モノをインターネットにつなげるこ

とを強調した言葉である．本書では，第2節 (1.2.2) で紹介した通信機構としての狭義の IoT に対して，モノを対象とするコネクティビティを広義の IoT と呼ぶ．

　広義の IoT には，強く関係する2つの見方がある．第1に，スマート工場では，IoT が指し示すモノは生産設備である．たとえば，故障によって製造ロボットに不具合が生じると，生産ラインが停止し製品製造に大きな影響が出る．ロボットの作動状況を遠隔監視し，不具合の予兆を検知する仕組みが必要となる．これを実現するには，製造ロボットに付したセンサーを使って，その作動状況に関するデータを狭義の IoT で収集する．ロボットの動作を表す時系列データを分析することで，不具合の発生を事前予測する．あるいは，特定の製造対象製品に関して最適な製造ラインを構築する場合，ライン各工程の製造設備の稼働データを狭義の IoT を用いて収集し分析する．この方法を押し進めることで，自社内の複数部門を結びつけ，製造ラインの管理運用を多様なビジネス活動と連携させることが可能になる．

　ところで，稼働状況データを収集する対象を，生産設備に限定する必要はない．製造対象の製品をモノとし狭義の IoT を利用して，運用時の稼働データを収集することもできるだろう．個々の装置製品，モノの高度化を目的とするものでスマート・プロダクトと呼ばれる．

　Porter and Heppelmann[14]は，スマートさを4つの段階で説明した．(1) 装置状態の監視，(2) 装置状態の変化に即応した制御，(3) 最適な制御法の立案・選択，そして，(4) 自己適応性[15]である．ここで，(1) はセンサーを用いるなど狭義の IoT によるデータ収集であるし，(2) は組込みシステムの制御を実現するステップだろ

---

[14] M.E. Porter and J.E. Heppelmann, How Smart, Connected Products are Transforming Competition, *Harvard Business Review*, (November 2014).
[15] 中島震, 要求変化へのソフトウェア工学, 電子情報通信学会誌, Vol.98(2) pp.124-129, (2015).

う．(3) はビッグデータや機械学習の技術を用いた分析・判断の方法を導入することを示す．(4) はスマート・プロダクト自身が周りの変化に即応して自己適応する．障害からの回復，状況変化への柔軟な対応など，高度な適応性を含む．この中で，(3) や (4) に相当する機能は，複雑な機能を実現することから大規模プログラムとなる．このようなソフトウェアをスマート・プロダクト本体に組み込むことは難しい．ネットワークによって連携するサーバが高度な機能を担う．

スマート・プロダクトが直接つながる先のネットワークは，さらにインターネットを経由してほかのシステムと連携することができる．このような多数のシステムからなる系 (System of Systems, SoS)[16] の全体は，従来になかった大きな効果，革新的な効果を生む礎となり，ビジネス・エコシステムを形成する．Porter and Heppelmann は，企業の競争戦略の観点から，このような IoT ビジネス・エコシステムの重要性を論じた．ここで，エコシステムは関連性の高い補完業者を含めた事業領域を指し，つながる先を顧客企業を含む異業種まで広げることである．スマート・プロダクトに関わる広義の IoT において，製造企業は，当該製品を利用，運用している顧客企業と強く連携する．

1.4　基本思想としての CPS

製造業デジタル・イノベーションの技術思想は，以下に述べる CPS を製造の場に適用することである．

Cyber-Physical Systems (CPS) は 2006 年に米国 National Science Foundation (NSF) が公表した大統領答申レポート[17] に始ま

---

[16] M.W. Maier, Architecting Principles for System of Systems, *Systems Engineering*, Vol.1(4), pp.267-284, (1998).

[17] President's Council of Advisors on Science and Technology (PCAST), Leadership under Challenge: Information Technology R&D in a Competitive World, (2007).

る．欧州の研究開発支援施策，第 6 次 Framework Program (FP6) が組込みシステムに関わる研究支援プログラム (Embedded Systems Design, ESD) の枠内で産学連携を強化した ARTEMIS を開始したころだった．NSF の一連のレポートは，ARTEMIS を比較対象として CPS 研究を推進する意義を政策的な観点から論じた．

ドイツ Acatech の AgendaCPS レポート[18]は，米国 CPS を，EU の FP6 および FP7 で実施した ESD および Networked ESD との関係の観点から再構成し，さまざまな応用セクターのスマート化を実現する新しい技術層と定義した．その応用の 1 つとして，ドイツ国内製造業の競争力維持・強化を狙うスマート工場を論じた．実際，スマート工場を支える基本技術として，CPS の重要性が整理されている[19]．

AgendaCPS の考え方は，EU の研究開発支援プログラム Horizon2020 に影響を与えた．FP6 および FP7 の ARTEMIS の後継である Electronic Components and Systems for European Leadership (ECSEL) が中核概念として「Smart CPS」を選んだことからも，関連が強いことがわかる．CPS を基礎研究の骨格に位置づけて，欧米のソフトウェア研究力を結集することを意図したと言える．

NSF の研究支援施策では，自動車や航空機から医療まで，さまざまな産業セクターがソフトウェア化していく時代にあって，CPS を中核な基礎研究[20]として位置づける．CPS はサイバネティックスに思想の源流[21]がある．サイバネティックスが自然界の存

---

[18] Acatech (ed.), Cyber-Physical Systems - Driving Force for Innovation in Mobility, Health, Energy and Production, (2011).

[19] K.-D. Thoben, S. Wiesner, and T. Wuest, "Industrie 4.0" and Smart Manufacturing-A Review of Research Issues and Application Examples-, *Int. J. of Automation Technology*, Vol.11(1), pp.4-16, (2017).

[20] J.M. Wing, Cyber-Physical Systems, *Computing Research News*, Vol.21(1), p.4, (2009).

[21] E.A. Lee and S.A. Seshia, *Introduction to Embedded Systems* (1st ed.),

在と人工物に共通する見方を理論的に探求したのに対して，CPSはコンピュータ技術を用いることで複雑なシステムの挙動を理解し工学化することを目的とする．

　CPS は，Cyber（コンピュータの世界）と Physical（現実の世界）をつなぐと理解されることが多い．現実世界の事象を把握し分析する方法としてコンピュータ技術を用いることを目的として，現実の世界と強い結合を持つと解釈するほうがよい．適切にモデリングすることで，現実世界の事象をコンピュータの世界に取り込む．

　いわゆる，組込みシステムは，Cyber に投影された Physical のモデル（ターゲット）[22]を Cyber（ソフトウェア）のコントローラが制御するので，コントローラとターゲットの間に情報交換の閉じたループが生まれる．CPS は，現実世界やソフトウェア・システムの振舞いを，閉じたループの集まりが表す動的な因果関係として理解すること，現実世界の現れとして生じる膨大なデータを Cyber 側で扱うこと，といった特徴を持つ[23]．

　スマート・プロダクトは CPS の基本概念である閉じたループの観点から整理することができる．第 1 に，スマート・プロダクトは，監視（第 1 段階）と制御（第 2 段階）の対象となる．監視と制御を担う「コントローラ」に対して，スマート・プロダクトを「ターゲット」とするような閉じたループが生まれる．第 2 に，この監視と制御の機能自身は，インターネットを介してビッグデータや機械学習による分析・判断（第 3 段階）へとつながる．スマート・プロダクトの監視や制御を担う前述の「コントローラ」は，あたかも「ターゲット」となって，後者の高度なサービスを「コントローラ」とする閉じたループが新たに作られる．このような閉じた

---

http://LeeSechia.org/ (2010).

[22] Cyber 側の Physical のモデルと実世界の実体に因果関係を設定する下位機構を前提とする．

[23] 中島震，『CPS：そのビジョンとテクノロジー，研究 技術 計画』，Vol.32(3), pp.235-250, (2017).

ループがつながる SoS の一部に位置することで，スマート・プロダクトは高度なサービスを享受する．スマート・プロダクトを基本的な要素とする IoT ビジネス・エコシステムは，ビジネスの観点から CPS の思想を再解釈し整理したものと言える．

米国 NSF の研究支援施策 CPS は，基礎研究から具体的な応用セクターでの実用化研究までを，産官学で役割り分担することを想定した．スマート工場やスマート・プロダクトは製造業セクターへの応用であり，NSF の整理からすると，民間主導で実施するべきテーマである．実際，産業界主導の活動が活発化している．

参考文献

[1] M. Mazzucato, *The Entrepreneurial State*: *Debunking Public vs. Private Sector Myths*, Anthem (2013).
［邦訳］大村昭人訳,『企業家としての国家』, 薬事日報社 (2015).
[2] 中島震, みわよしこ,『ソフト・エッジ』, 丸善ライブラリー (2013).
[3] 小川紘一,『オープン&クローズ戦略（増補改訂版）』, 翔泳社 (2015).
[4] R.F. Lusch and S.L. Vargo, *Service-Dominant Logic*: *Premises, Perspectives, Possibilities*, Cambridge University Press (2014).
［邦訳］井上崇通監訳, 庄司真人, 田口尚史共訳,『サービス・ドミナント・ロジックの発想と応用』, 同文館出版 (2016).
[5] 徳田昭雄, 立本博文, 小川紘一編著,『オープン・イノベーション・システム』, 晃洋書房 (2011).

第2章 ソフトウェア技術の発展

中島 震

　製造業イノベーションを支えるテクノロジー・プラットフォームの原動力はソフトウェア技術である．現在に至る発展の流れを振り返る．

2.1 ソフトウェアの特徴

　ソフトウェアが日常生活に浸透している．一方で，ソフトウェアとは何か，を理解することは容易でない．

2.1.1 ソフトウェアとディペンダビリティ

　ソフトウェア技術なくしてスマート社会を実現することは難しい．大規模かつ複雑なソフトウェア・システムを構築できるようになり，同時に，大きなリスクを社会にもたらす可能性が増した．2007年に公表されたレポート[1]は，ソフトウェア・システムのディペンダビリティを高めることの重要性を論じ，ディペンダブルなことの証明書を与える科学的な方法の研究を推進することを提言した．

　一般にディペンダブルな工学システムは，信頼性と安全性という2つの性質[2]を持つ．信頼性は要求仕様どおりの機能を果たすこと，安全性は要求機能が果たせない場合であっても外界に深刻な影

---

[1] National Academy of Sciences (ed.), *Software for Dependable Systems-Sufficient Evidence?* National Academies Press (2007).
[2] 向殿政男，コンピュータ安全と機能安全，*IEICE Fundamentals Review*, Vol.4(2), pp.129-135, (2010).

響を与えないこと，である．通常，信頼性の考察では，欠陥と不具合を区別する．システム内部の欠陥 (fault) が原因となってシステムが期待と異なる状況，不具合 (failure) に至る．欠陥があっても不具合が顕在化しないこともある．

　欠陥は大きく 2 つに分類される．システムがある動作条件に至ると必ず現れるものを決定論的な欠陥と呼ぶ．これに対して，動作条件を決めたとき，現れる場合も，現れない場合もあるものを偶発的な欠陥と呼ぶ．劣化や消耗といった物理的な原因によるハードウェアの誤動作は偶発的な欠陥に相当する．定期的な検査や装置機器の交換，欠陥箇所の修理によって不具合を未然に防ぐ．

　決定論的な欠陥には，システムの開発過程で混入した設計の誤りやプログラムのバグがある．プログラム中の欠陥箇所を実行しないと，その欠陥を原因とする不具合が起こらない．

　現実的には，すべての欠陥を除去することは困難である．ソフトウェア・システムが避けられない「当たり前の不具合」，起こるべくして起こる不具合がもたらすリスクに対応しなければならない．要求仕様が与えられたとき，設計からプログラミングに至る過程で，欠陥の混入を避け，また，混入した欠陥を効率良く発見することで，不具合を未然に防ぐ技術が必要となる．

　安全性は，開発過程の工夫で対応できることではない．あらかじめ，外界への深刻な影響が生じないように要求仕様を作成しておく．たとえば，無人ロケットの姿勢制御に不具合が起こった場合を考えてみよう．密集地に墜落すると人的な被害を生じる．これを避けるには，墜落する前にロケットを自爆させる．あらかじめ，自爆の機能を組み込んでおく必要がある．

　安全性を支える機能を作り込むことが技術的に困難なシステムもある．使い方を工夫し，システムが深刻な影響を与えないようにしなければならない．しかし「適切な規制を導入しても安全性を担保

できないシステムを，そもそも構築してはならない[3]」．

2.1.2 複雑さ

ハードウェアと比較して，ソフトウェアに決定論的な欠陥が混入しやすい理由を整理しよう．

コンピュータの中心は複雑な電子回路である．構成する半導体素子の基礎は固体物理学であり，固体物理学の基礎は量子力学である．ハードウェア装置は発熱が大きい．効率の良い冷却系設計では熱力学の知識を活用する．最新テクノロジーの裏には物理学の法則があり，自然法則を無視した電子回路，コンピュータを構築することはできない．ハードウェアは自然法則に支配される．

一方，「ソフトウェアは自然法則ではなく，複雑さに支配される[4]」．ディペンダブルなソフトウェア・システムの構築では，複雑さを乗り切ることが大切になる．では，どのような複雑さが，ディペンダビリティを低下させリスクをもたらすのだろうか．本章では，2つの複雑さを考える．プログラムあるいは設計の複雑さと，システムに期待される要求の複雑さである[5]．

ソフトウェア・システムの開発は，問題領域をソリューション領域に橋渡しする活動である．まず，顧客あるいは発注者が持つ漠然とした要求を整理し，整合かつ一貫した要求仕様を得る．この要求仕様に述べられた機能をコンピュータ上で作動するプログラムとして表す方法を設計する．往々にして，プログラムの設計は複雑になりがちである．そこで，「設計を単純にして明らかな欠陥をなくす，あるいは，複雑さを放置して欠陥が明らかでないようにする[6]」．さて，どちらを選ぶか？ と問われる．

---

[3] C. Perrow, *Normal Accidents: Living with High-Risk Technologies*, Princeton University Press (1999).

[4] M. Shaw, Whither Software Engineering Education?招待講演 IEEE CSEE&T, (2011).

[5] このほか，開発に関わる技術者が多人数であることから生じる複雑さがある．

[6] C.A.R. Hoare, *The Emperor's Old Clothes - ACM Turing Award Lecture*, (1981).

プログラムあるいは設計の複雑さを乗り切る方法は，適切な抽象レベルで対象を理解して設計仕様を表現し，設計からプログラム作成に至る過程で新たな欠陥の混入を起こさないことである．

このとき，要求仕様が顧客の意図を過不足なく表していることが前提となる．すべての要求を明らかにした Known Knowns から開発を開始するのが理想だろう．現実には，要求仕様をあらかじめ確定することが難しい．未定の箇所が残る Known Unknowns からの開発にならざるをえない．設計を進めるとともに，未検討箇所，不足箇所の理解が進み，後追いで要求仕様を明らかにしていく．要求仕様の作成が困難なことは，顧客が持つ要求の複雑さ，つまり，問題領域が持つ複雑さに原因がある．

2.1.3　問題領域の複雑さ
(a) クネビン・フレームワーク

ソフトウェア・システムの適用範囲が広がるとともに，取り扱う問題領域の性質が変化してきた．解決すべき問題の性質を4つに分類したクネビン・フレームワーク[7]が，良い説明になるだろう．意思決定の枠組みを与えるもので，問題の性質によって，Simple, Complicated, Complex, Chaotic の4つに分類する．

「単純である (Simple)」とは，解法が明らかな問題を指す．一度，問題が明らかになれば，時間経過とともに問題が変化することはなく，既知の解法で対処できる．つまり，従来から知られている最善の実践を適用すればよい．大型コンピュータが登場したメインフレームの時代，情報処理システムの多くは発注者の要求仕様が明らか，つまり Known Knowns，で単純な問題と見なすことができた．

「込み入った (Complicated)」では，問題領域の専門知識を用いて問題構造の分析を行ったあと，既知の解法から適用可能な解を選

---

[7] D.J. Snowden and M.E. Boone, A Leader's Framework for Decision Making, *Harvard Business Review*, pp.108-119, (2008).

択する．発注者を含む多様なステークホルダーを明確に意識し，異なるステークホルダー要求の衝突やトレードオフ関係を考慮して最良の解を選択する．このような問題を取り扱う必要性から，ソフトウェア工学が，要求仕様ありきの技術体系ではなく，いかにして要求仕様を獲得するかに考察の範囲を広げた．つまり，ソフトウェア工学の1分野に「要求工学」が入るようになったのである．

「複雑である (Complex)」とは，解法が未知の問題な場合を指す．複雑な問題は，問題の状況あるいは問題自身が変化する．また，解法を得たあとに，初めて問題の構造が明らかになることがある．状況の変化に対応する必要があることから，状況を調査し，問題を把握して解法適用を試みる過程を繰り返す．開発を探索的 (Explanatory) に行うアジャイル開発 (Agile Development) の方法と言える．その時点で顧客が期待する要求機能の実現に注力し，動くソフトウェア，実行可能なプログラム，を手早く作成する．プログラムを作動させ顧客との協調作業によって機能振舞いを確認する．

「混沌としている (Chaotic)」とは，解くべき問題が明らかでなく，その結果，解法が決まらない場合にあたる．問題の状況は変化し，問題間の因果関係が変わることから，システム化が困難である．のちに述べる機械学習ソフトウェアでは，混沌とした状況で開発を開始し，何が，どこまで実現可能なのかが明らかにならないまま，結局，概念実証 (Proof of Concepts) で終わるという失敗が往々にして見られる．

今，我々が遭遇する状況は，システムへの期待あるいは要求が，実世界のビジネスと深く関わることである．その結果，ソフトウェア・システムが取り扱うべき問題が複雑化してきたと言える．クネビン・フレームワークは，システム化の対象問題を分類し，その性質に応じた開発方法を検討する指針を与える．

(b) 実世界への埋め込み

　ソフトウェアの基礎は，数理論理の方法で計算に関わる性質を論じる理論コンピュータ科学である．しかし，ソフトウェアは形式科学の対象ではない．「外界との相互作用があるからこそ有用である[8]」．実世界との関わりが強いのは，クネビン・フレームワークの3番目の分類，「複雑な問題」であることが多い．このようなプログラムはEタイプ[9]としても知られている．

　EタイプのEはEmbeddedの頭文字であるが，装置制御を担ういわゆる「組込みシステム」のことではない．ここでのEとは，実世界に埋め込まれることであり，人や社会と強く関わることを意味する．たとえば，新しいサービスを提供するシステムが成功したとしよう．競合他社が，これに対抗するサービスを市場に投入すると，先のサービスは当初の効果を得られなくなる．外部環境の変化が，さらに新しいサービスを提供するシステム開発のきっかけとなる．このような因果関係は，自社と競合他社の間で双方向の因果ループをなす．

　Eタイプのプログラム実行は現実の世界に影響を与えることから，周りと強い因果関係を持つ．実世界の変化に適応していく進化発展 (Evolution) のEでもある．Eタイプのプログラムは，実世界との因果ループを持つという点で，第3節 (2.3) で説明するCPSと共通した特徴を持つ．

2.2　テクノロジー・プラットフォーム

2.2.1　3つの役割り

　テクノロジー・プラットフォームは，さまざまなアプリケーショ

---

[8] M.Jackson, The Role of Formalism in Method, *Proc. FM'99*, p.56, (1999).
[9] M.M. Lehman, Programs, Life Cycle, and Laws of Software Evolution, the *IEEE*, Vol.68, No.9, pp.1060-1076, (1980).

ン機能やサービスを提供する上で，共通に必要とされたソフトウェア技術基盤である．クネビン・フレームワークの分類による「複雑な」問題を取り扱う場合には繰り返して開発を行うことになるが，このコストを低減するような共通技術の集成が重要になる．

(a) 実行基盤

ソフトウェアはハードウェアと対比される．ハードウェアはコンピュータのように目で見て手で触れることができる．一方，ソフトウェアの実体はわかりにくい．いまだコンピュータが珍しかったころ，ソフトウェアは「利用技術」という注釈つきで紹介されていた[10]．

利用技術としてのソフトウェアの代表は，高価な装置機器の有効利用を目的とするオペレーティング・システム (Operating System, O/S) やアプリケーション・プログラムに対して共通機能を提供するシステム・ソフトウェアだろう．O/S は多人数の利用者一人ひとりがコンピュータを占有しているかのように使い方を制御する．複数の利用者が同時に使用し，複数のアプリケーション・プログラムが同時に実行することを可能にし，その結果，ハードウェアの有効利用を実現する．

コンピュータ・システムは，入出力機器，ストレージ，ネットワークなど，さまざまなハードウェア装置から構成される．O/S は，個々の装置機器諸元の違いを吸収し，アプリケーション・プログラム実行に必要な「仮想化 (Virtualization)」を実現する．プラットフォームは，動作環境，「Runtime」だと言える (図 2.1)．なお，オブジェクト指向プログラミング言語 Java について「(プログラムを) 1 度書けば，どこでも実行できる」と言われた．これは，Java アプリケーション・プログラムがプラットフォーム非依存であることを指し，ここでのプラットフォームは実行環境のこと

---

[10] 玉井哲雄，『ソフトウェア社会のゆくえ』，岩波書店 (2012).

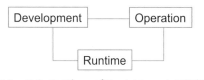

図 2.1　テクノロジー・プラットフォームの役割り

である．具体的には，さまざまな実行環境に対して，Java 仮想マシンを開発し作動させることで実現する．

O/S やシステム・ソフトウェアは基本ソフトウェアと総称され，大規模かつ複雑なプログラム[11]である．当時，メインフレーム・メーカーだけが開発可能な規模だった．なお，Web ブラウザは，初めて登場したころ，HTML を解釈する機能を中心とした簡単なソフトウェアだった．規模の小さいプログラムであっても，デファクト・スタンダードとして市場を占有したことが話題になった．その後，機能が豊富になるとともに複雑化し，さまざまなプラグインを統合する Web クライアント・プラットフォームになっている．ソフトウェアが機能の拡充とともに複雑化を避けられないことの好例だろう．

(b) ライブラリ

アプリケーション・プログラムの機能は多様な一方，コンピュータが外部とデータをやりとりする入出力や永続データを管理するストレージ，そのほか，GUI やネットワークなど，共通する機能も多い．システム・ソフトウェアが提供する基本ライブラリは，これらの機能を，アプリケーション・プログラムから簡便に利用することを目的として整備されたプログラム部品の集まりである．プログラム部品は，提供する機能によって複雑な内部構造を持つ場合がある．アプリケーション・プログラムを作成する際には，部品内部の複雑さを気にせずに簡明な情報だけを頼りに部品の機能を使い

---

[11] F.P. ブルックス，『人月の神話』，滝沢徹，牧野祐子，富澤昇訳，ピアソン桐原 (2010).

たい．プログラム部品内部の作りを外部から見えなくしたいのである．

このようなプログラム部品は手続き (Procedures) として提供されることが多い[12]．そこで，アプリケーション・プログラム中に，適切な部品手続き呼出し (Procedure Call) 記述を付しておくことで，プログラム実行時に部品手続きを起動する．つまり，アプリケーション・プログラムがライブラリ提供機能を利用できる．

上に述べたような手続き呼出し記述に必要な情報を，一般に Application Programming Interface (API) と呼ぶ．API がわかれば，部品プログラムの内部が，どのように作られているかをまったく気にすることなく部品の機能を利用することができる．API を介して，さまざまな部品をつなぐことで，部品の機能を活用したアプリケーション・プログラム[13]の作成が容易になる．

このような再利用ライブラリの考え方は，オブジェクト指向プログラミングが産業界に広まるとともに，より発展していく[14]．オブジェクト指向フレームワーク[15]あるいはアプリケーション・フレームワークと呼ばれる新しいプログラム構築方法が考案され実用化された．具体的な機能を提供するライブラリとアプリケーション・プログラム内部構造についての指針からなる．たとえば，「スマートフォン (Smartphones)」では，通称「アプリ」と呼ばれるアプリケーション・プログラムは，フレームワークが規定するプログラム構造に従って作成されている．このようなフレームワークに基づく開発法を採用することで，ライブラリ・プログラムの再利

---

[12] オブジェクト指向プログラミングの場合は，メソッド (Methods) と言う．

[13] ビジネスの世界では，「API エコノミー」のように，プラットフォーマが提供する（クラウド上の）サービス機能を簡便につなぎ合わせることを説明する際に，API という用語を使うことがある．

[14] オブジェクト指向プログラミング言語がもたらしたカプセル化，多相性，性質継承といった方法によって，プログラム部品の技術が一層進んだ．

[15] L. Peter Deutsch, Design Reuse and Frameworks in the Smalltalk-80 Programming System, in *Software Reusability* (T.J. Biggerstaff and A.J. Perlis eds.), Vol.II, pp.55-71, ACM Press (1989).

用が容易になり，開発の生産性向上に，さらに大きく寄与することとなった．

(c) 開発支援基盤

先に述べたように，取り扱う問題が広がると，開発に先立つ要求仕様をあらかじめ定めることが困難になる．そこで導入されたアジャイル開発は，Known Unknowns を除去できないという現実を認める．アジャイル宣言[16]にあるように「網羅的なドキュメントよりも動くソフトウェアの作成」を優先する．動かすことで，機能が十分か否かを確認し，以降の改良あるいは追加開発につなげる．開発と顧客による確認を繰り返すのである．

アジャイル開発を円滑に行うには，プログラム開発支援ツールが必須である．自動化ツールを活用することで，顧客の要求発生から動作可能なプログラム完成に至るリードタイムを短縮する．実行時性能，プログラム可読性，保守容易性といった非機能面の向上に関わるリファクタリング (Refactoring)，回帰テストの作業効率を高めるテスト自動化 (Test Automation)，複数の技術者が独立開発したプログラムを統合する継続的なインテグレーション (Continuous Integration) などを可能な限り自動化したい．プラットフォームは，アプリケーション・プログラムの開発支援，「Development」の要素を含むように広がった．

(d) 運用支援基盤

ソフトウェア・システムの開発が終了すると，顧客サイトでの動作試験，受け入れテストを行う．開発で用いた実行環境と顧客が持つ実行環境は同じとは限らない．コンピュータ・システムを構成する装置機器の諸元が異なることもある．装置の性能の違いによって，作動可能なライブラリ機能が異なるかもしれない．顧客環境で

---

[16] Manifesto for Agile Software Development (http://agilemanifesto.org/))

の運用に先立って，このようなデプロイメント (Deployment) を実施する．

今，開発環境と顧客の実行環境が同一になるように「仮想化」できれば，このデプロイメント作業を軽減できるだろう．そこで，EAI (Enterprise Application Integration) などと呼ばれる「ソリューション・フレームワーク (Solution Framework)」が導入された．同時に，円滑に作業を進めるには，自動化ツールが前提であり，継続的なデプロイメント (Continuous Deployment) および継続的なデリバリー (Continuous Delivery) といったツールを用いる．プラットフォームは，運用支援環境，「Operation」の一部を含むに至った．

プラットフォームは手段である．目的は，顧客が期待するアプリケーション・システムを円滑に開発し，作動させることである．テクノロジー・プラットフォームは，図 2.1 に示すように，実行系・開発支援系・運用支援系と，提供する機能を広げてきた．この流れは，次に述べるクラウド・プラットフォームで新たな時代に入る．

2.2.2 クラウド・プラットフォーム

インターネットは，コンピュータをつなぐローカルエリア・ネットワークを結びつける広域分散ネットワークである．TCP/IP に代表されるインターネット・プロトコル[17]を用いる．一方で，「インターネット・プロトコル」で接続される世界中に張り巡らされたネットワーク，つまり，The Internet を指すこともある．以下，区別する必要がない場合，単に，インターネットと呼ぶ．

(a) サービス

インターネットは，単なるネットワークではなく，仮想化の対象を分散コンピューティング環境に広げた．アプリケーション・プロ

---

[17] 尾家祐二，後藤滋樹，小西和憲，西尾章治郎，『インターネット入門』，岩波書店 (2001).

グラムはネットワークの存在を意識する必要がない．特に，クラウド・プラットフォーム (Cloud Platform) の仮想化機能は，SaaS，PaaS，IaaS といった「サービス」を通じて提供される．ここでの「サービス」は，インターネット上の Web アプリケーションが実現する Web サービスと共通する言葉の使い方で，サーバーに配置されたプログラムが提供する無形の効果と言ってよい．

SaaS (Software as a Service) は特定のアプリケーション機能を提供し，利用者はアプリケーション実行がもたらす無形の効果を享受する．アプリケーション・プログラムを遠隔利用する言ってもよい．たとえば，表計算プログラムをパッケージ製品として購入するのに対して，SaaS は表計算プログラムの機能を提供する．当然であるが，SaaS のサーバー側では，製品としての表計算プログラムが作動する．

PaaS (Platform as a Service) は特定の仮想計算機を提供するもので，アプリケーションの動作環境という意味でのプラットフォーム，つまり，仮想的な O/S やシステム・ソフトウェアを提供するサービスである．最後に，IaaS (Infrastructure as a Service) は計算機システムの構成機器を仮想化，ソフトウェア化する．

(b) DevOps

21 世紀になって，インターネットが実現するコネクティビティを利用した新しいアプリケーション・サービスが登場した．C2C[18]のオークション，B2C で製品の売買をつかさどる電子市場など，さまざまであるが，いずれもクラウド・プラットフォーム上で実現する方法が主流になっている．さらに，顧客 (C) が関わるサービスでよく見られるが，インターネット・ビッグデータを（自動）収集し，その分析結果を活用する．顧客ごとに，きめ細かい対応が可能になる．顧客生涯価値を高めることができる．

---

[18] C2C は Consumer to Consumer, B2C は Business to Consumer のこと．

クラウド・プラットフォームの大きな特徴は，開発環境と運用環境に際立った違いがないことにある．仮想化によって，開発から運用への移行が円滑になる．従来のコンピュータ・システムでは，顧客要求，特に性能要件に合わせて，装置機器の発注から設定までを行った．一方，IaaS を利用すると，仮想的な計算機装置を組み合わせてシステムの構築ができる．スクリプト言語でシステム構成を指定する方法，IaaC (Infrastructure as a Code) で簡便に実現できる．

一般にソフトウェア保守は，訂正作業と改良作業に分類される．前者は，主として開発チームが行うが，後者は運用チームが担う．この改良作業には，性能や保守性の向上を目的とする完全化保守と，利用環境の変化に合わせてソフトウェア・システムの機能を変更する適応保守がある．これらは，開発対象に関する知識が必要なことから，設計チームと運用チームが共同して作業することが好ましい．なお，IaaS のスクリプトも一種のプログラムであり，性能改善などを目的とする適応保守の対象とすることができる．

従来の組織構成では，開発と運用は別チームであり，意思疎通の弊害が生じる「サイロ化」が問題となった．サイロ化を解決する方法は，開発と運用を統合することである．DevOps (Development and Operations) は，この考え方を実現したもので，クラウド・プラットフォーム上での開発と運用で有効な方法論として広まっている．

(c) マイクロ・サービス

ソフトウェア開発の目的は，顧客要求の発生から運用開始までのリードタイムを短縮することだった．アジャイル開発を容易にする枠組みをクラウド・プラットフォーム上に導入する方法として，従来のアプリケーション・フレームワークに加えて「マイクロ・サービス (Microservices)」の考え方が登場した．

一般に，新規開発，改良開発によらず，プログラムを対象にソフ

トウェア・テスティング (Software Testing) を実施する．1度にテスト可能な対象範囲を適切な粒度に保てば，テスティングに要する時間を短縮できる．たとえ，利用者が使うアプリケーションの粒度が大きいとしても，粒度の小さなプログラム単位に分割し，その組合せによって全体を再構成できればよい．この粒度の小さい機能単位をマイクロ・サービスと呼ぶ．

マイクロ・サービスは，DevOps とともに，分散コンピューティングの実行環境を下支えするクラウド・プラットフォームと技術的に密接な関係にある．

(d) 継続運用

クラウド・プラットフォームは3つの役割り（図 2.1）を統合することで，アプリケーション・サービスの間断なき継続運用を実現する．一方，このような方法は，システムの品質保証に新たな課題をもたらす．

一般に，機能面を中心とする信頼性に関わるテストでは，実際の稼働・運用環境での動作を完璧に保証できるわけではない．テスト段階では，模擬的な動作環境での試験に終わるからである．つまり，実運用環境のデータ・トラフィックで初めて顕在化するような欠陥の有無を調べることはできない．一方で，顧客から見た応答性，故障発生による切替えの影響，などの確認は，実運用環境で調べたい．また，新規機能が既存サービスと予想外の相互作用を示すことがあるかもしれない．しかも，そのような相互作用に起因する不具合は極めて稀な状況でのみ顕在化することが多い．

カオス・エンジニアリング (Chaos Engineering) やサイト信頼性エンジニアリング (Site Reliability Engineering) は実動作環境へのデリバリーを円滑かつ系統的に進める方法を考察対象とする．具体的には，稼働中のシステムを新しい版に円滑に置き換える方法に関心がある．クラウド・プラットフォームは多重サーバのシステムである．システムのすべてのサーバ上のプログラムを一括更新する

のではなく，あらかじめ選んだ一部のサーバのみを新しい版に置き換えて，全体の振舞いを実データ・トラフィックで作動させる．このカナリアと呼ぶ「お試し」サーバが実環境で意図通りに作動すれば，徐々に，カナリアの範囲を広げていけばよい．実環境への段階的なデリバリーの方法と言える．

2.3 CPS

2.3.1 ビジョンと発展の経緯
(a) 閉じたループ

サイバー・フィジカル・システム (Cyber-Physical Systems, CPS) は，ソフトウェア技術を活用した制御法を特徴とする高度な組込みシステムと理解されることが多い．たとえば，自動車のアダプティブ・クルーズ・コントロール (Adaptive Cruise Control, ACC) がある．ACC は，運転手が設定した速度を保つように，燃料供給を自動的に制御し無駄なアクセル操作を減らすことで，省燃費運転を実現する．また，先行車の速度変化に対応して車速制御を行う機能を持つ．

ACC の全体は，ACC の制御機能をつかさどる「コントローラ」と，エンジンやブレーキなどの装置からなる「ターゲット」から構成される．コントローラは，エンジン状態や先行車との車間距離に関するデータを受け取り，スロットやブレーキのパラメータ値を変更することで設定速度を保持する．コントローラとターゲットの間で，密に情報交換する閉じたループが生じる．

CPS は，閉じたループを中心概念とする情報交換の系である．今，最小構成の 2 つの要素からなる系（図 2.2）を考える．一方をプログラム，他方を外界とすれば，E タイプのプログラム（2.1.3 参照）の抽象的な構造に一致する．また，その振舞いが非対称であって，一方が他方を制御する場合を考えよう．ACC は，まさにこのような系の具体例であって，制御側（コントローラ）が対象（タ

第 2 章 ソフトウェア技術の発展

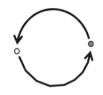

図 2.2 閉じたループ

ーゲット）の状態を入力として受け付け，適切な効果を及ぼす状況を表す．高度な組込みシステムは，非対称な振舞いを持つような CPS の特殊例である．

閉じたループを中心とし制御と通信の役割に注目した体系にサイバネティックスがある．その書[19]の副題『動物と機械における制御と通信』が示すように，自然および人工物に共通する本質を描き出す見方として導入された．CPS はこの着想と密接な関係[20]にあり，サイバネティックスの思想を具現化する情報技術の体系と言える．

(b) SEC から CPS へ

CPS は技術的な意味を持つ用語と理解されることもあるが，実際は，NSF という公的な研究支援機関が考案した造語である．CPS は NSF の H. Gill 博士がリーダーとなって始めた研究開発支援プログラムの総称で，DARPA で実施した SEC プログラムの後継という位置づけになる．

SEC は Software Enabled Control の略称で，1999 年後期から始まり，研究期間は 2000 年から 2004 年の 5 年間だった．2003 年出版の中間的な報告[21]の副題が，SEC の狙いを的確に表している．つまり，「ダイナミカル・システムの情報技術」の確立を目指して，高度なハイブリッド・システム実現のソフトウェア技術に関

---

[19] N. ウィーナー，『サイバネティックス（第 2 版）』，岩波書店 (1962).
[20] E.A. Lee and S.A. Seshia, *Introduction to Embedded Systems* (1st ed.), http://LeeSechia.org/ (2010).
[21] T. Samad and G. Bales (eds.), *Software-Enabled Control - Information Technology of Dynamical Systems*, IEEE Press (2003).

図 2.3　CPS フラワー

する研究を実施した．SEC は，ソフトウェア技術をベースとする制御法の理論と実行基盤の研究開発を両輪で進めた．いわば，制御則とソフトウェアの「コデザイン」を狙った．また，SEC と欧州の ESPRIT および FP5 といった研究支援施策によって，北米と欧州の研究者間の交流，共同研究を推進した．欧州側は，研究開発支援施策の組込みシステムの研究プログラム ESD である．

CPS は，SEC の成功を受けて，NSF が 2006 年に公表した研究支援プログラムである．欧州では，産学連携を強化した ARTEMIS を開始したころであり，ARTEMIS を比較対象として CPS の意義を論じることとなった．その後，CPS の考え方は，ドイツの Acatech[22]で，ESD との関係が整理されて EU の Horizon 2020 につながった．

(c) CPS の挑戦課題

CPS の狙いは，図 2.3 の「CPS フラワー[23]」に要約されている．自動車や航空機から医療まで，さまざまな産業セクターがソフトウェア化していく時代にあって，その中核に基礎的な研究とし

---

[22] E. Geisberger and M. Broy, Agenda CPS: Living in a Networked World Integrated Research Agenda Cyber-Physical Systems, Acatech, (2012).

[23] J.M. Wing, Cyber-Physical Systems, *Computing Research News*, Vol.21(1), p.4, (2009).

てCPSを位置づける．なお，Industrie4.0は，製造業へのCPS応用[24]と言える．

CPS研究プログラムでは，その挑戦課題として，3つの関心事をあげている．(1)離散と連続の共存，(2)大規模ネットワーク化，(3)大容量・不確実なデータ，である．

(1)はハイブリッド系のことを指し，制御工学で論じられてきたハイブリッド・オートマトンなど，SECからの中心的な技術課題である．

(2)は2つのネットワーク化という意味がある．多数のコントローラがネットワークを介して分散協調することで全体の機能を発揮すること，また，ネットワーク化された膨大な数のセンサーからの入力を取り扱うことである．

(3)はセンサーからの入力データと，これに伴う不確かさのことを言う．発生データが物理的な現象に起因することで生じる不確かさや，測定による不確かさまで，さまざまな理由が考えられる．制御工学のシステム同定と同様に，統計的な方法の重要性が強調されている．膨大なデータ量から本質的な情報を抽出する分析法が重要となる．これに関連する統計的な機械学習については後述する．

2.3.2　ソフトウェアのパラダイム

ソフトウェアについて，パラダイムという言葉を使ったのはR.W. Floydが最初だろう．1978年チューリング賞受賞講演の題目を『プログラミングのパラダイム[25]』とした．プログラム作成時に開発者が拠り所とする共通的な考え方，パラダイムがソフトウェア開発の成否に大きな影響を与えると指摘した．

現在，スマートフォンのアプリ開発をはじめ，オブジェクト指向

---

[24] K.-D. Thoben, S. Wiesner, and T. Wuest, "Industrie 4.0" and Smart Manufacturing - A Review of Research Issues and Application Examples -, *Int. J. of Automation Technology*, Vol.11(1), pp.4-16, (2017).

[25] R.W. Floyd, The Paradigms of Programming, *Comm. ACM*, Vol.22(8), pp.455-460, (1979).

表 2.1 2つのソフトウェア・パラダイム

	オブジェクト指向技術	CPS
はじまり	手続き埋込みデータタイプ	蒸気機関：調速器
応用例	ウィンドウ・システム	クルーズ・コントロール
基本概念	オブジェクト	閉じたループ
	(カプセル化，多相性，継承)	(フィードバック)
関心の中心	開発の生産性 (再利用部品)	ディペンダビリティ
思想・哲学	還元主義 (個別最適)	システム思考 (全体最適)

技術が産業界の中心パラダイムになっている．表 2.1 にオブジェクト指向技術と CPS の特徴をソフトウェアのパラダイムとして整理した[26]．

オブジェクト指向技術では，オブジェクトが実世界の物理的あるいは論理的な実体に対応すると考える．実体を表すオブジェクトは，自身を表すデータならびにデータを操作する手続きを一体化した計算単位である．コンピュータの中に，実世界を切り取った「類似モデル (Analogical Model)」を構築し，シミュレーションすると言ってよい．実世界では，大きな対象を部品から組み上げていく．これとの類推で，コンピュータ内のオブジェクトを多数組み合わせることで，期待する機能を持つ「シミュレーション系」を構成する．

ソフトウェア工学の観点から見てみよう．オブジェクト指向技術の世界観は開発対象を独立性の高いオブジェクトに分割していく還元主義に基づくと見なせる．オブジェクト単位でプログラムを再利用することで開発の生産性を飛躍的に向上させることができた．これが産業界から注目された理由であって，部品化の成功，開発生産性の向上は還元主義と強く関係する．

一方で，ACC の機能や実現方法とオブジェクト指向設計とがミ

---

[26] 中島震『CPS：そのビジョンとテクノロジー』，研究 技術 計画，Vol.32(3), pp.235-250, (2017).

スマッチを起こすことが指摘されている[27]．ACC の本質は，コントローラとターゲットが密に関わる閉じたループを形作ることである．車輪の回転から現在の実速度を計算し，設定速度との比較によって加速するか減速するかを決めて燃料噴射量を調整する．この処理の流れ全体が ACC の本質である．分解された部品 1 つ 1 つをみても ACC の機能は見えてこない．オブジェクト指向技術は，決して万能薬ではなく，ACC 開発に相応しくないパラダイムと言える．

　CPS は，互いに影響を及ぼし合う実体間の閉じたループに基づく制御の考え方を中心とする．先に見た ACC は典型的な応用例で，自動車の車輪，エンジンやブレーキなどの装置を制御対象とした．ここでは，自動車の加速が過多になり速度制限の超過，といった破滅的な状況に陥らないことが重要だろう．システム全体のディペンダビリティ達成が CPS の中心的な関心事と言える．

　オブジェクト指向技術と CPS は，異なる視点を与える補完的なパラダイムである．前者の効果は開発の生産性を向上させることであり，後者は期待されるディペンダビリティ達成を主要課題とする．

2.4　スマートさ

2.4.1　実世界の現れとしてのデータ

　先に述べたように，CPS は外界からデータを受け取る．このデータは，センサーを経由して得られた実世界の状況を何らかの形で示す．データが実世界を表すのである．一方，現実の世界が生み出す膨大な量のデータは，ソフトウェア開発に新たな複雑さをもたらす．

　物理や化学などの実験科学では，観測や実験で得られたデータの

---

[27] M. Shaw, Beyond Objects: A Software Design Paradigm based on Process Control, *SIGSOFT SEN*, Vol.20(1), pp.27-38, (1995).

統計的な分析，データ分析が重要だろう．数学的に美しい理論式であっても，実験や観測の結果を説明し予測できなければ何もならない．CPS は，現実世界との関係を扱うことから，実世界で生じたデータの集まり（データセット）を対象とする統計的な方法と密接な関係にある．

統計的な方法の特徴は帰納的な方法にある．従来はあらかじめ決めた手順を実現するプログラムがデータを処理した，いわば，演繹的な方法だった．これに対して，与えられたデータセットから有用な情報を見い出す．具体的なデータから一般的な規則を得る帰納的な方法と言える．米国は，2012 年にビッグデータ・イニシアティブを公表し研究開発活動を推進した．当初，SNS などから生じるインターネット・ビッグデータへの関心が大きかった．一方，Industrie4.0 は，装置機器から狭義の IoT を用いてインダストリアル・ビッグデータを集め，機械学習の方法を使うことで新たなサービス創造の基礎とすることを狙っている．膨大な量のデータを分析する方法への関心が高い．

実際，深層ニューラル・ネットワーク (Deep Neural Networks) などの統計的な機械学習 (Machine Learning) 技術の進展とともに，さまざまなソフトウェア・システムに学習機能が組み込まれる時代になっている．ところが，機械学習といっても何も神秘性はなく，ソフトウェア製品として実現される．このような機械学習利用システム（以降，ML システム）のディペンダビリティあるいは品質保証[28]を考えなければならない．

2.4.2　機械学習ソフトウェア

ニューラル・ネットワーク (NN) は，さまざまな機械学習タスクに応用可能な汎用のフレームワークである．ML システムの品質を議論する前提知識として NN を説明する．

---

[28] S. Nakajima, Quality Assurance of Machine Learning Software, *Proc. 7th GCCE*, pp.601-604, (2018).

(a) 学習モデル

NNの基本構成要素であるパセプトロンを図2.4 (a) に示した.入力信号 $\{x_i\}$ の重み総和に活性化関数 σ を適用することで,出力信号 y を得る.たとえば,ロジスティック関数を活性化関数とする.$y = \sigma(\sum_{i=1}^{d} w_i x_i)$ である.

NNは,古典的な場合,パセプトロンの2層ネットワーク(図2.4 (b))である.外部からの信号は隠れ層(中間層)のパセプトロンへの入力となる.これらのパセプトロンのすべての出力信号は,後段,出力層のパセプトロンへの入力となる.今,h と r を活性化関数,外部入力信号を D 次元ベクタ $\vec{x}$ とする.隠れ層のパセプトロン数を M 個とするとき,出力層の R 個のパセプトロンの出力信号は次のように与えられる $(k = 1, \ldots, R)$.

$$y_k(\vec{W};\,\vec{x}) = r\left(\sum_{j=0}^{M} v_{kj} h\left(\sum_{i=0}^{D} w_{ji} x_i\right)\right)$$

ここで,v_{kj} と w_{ji} は重みであって,$\vec{W}$ と簡潔に書き表せる.重みを学習パラメータと呼ぶ.

(b) 数値最適化の問題

NN学習は,入力信号として与えられる N 個のデータの集まり $\{\langle \vec{x}^n,\,\vec{t}^n \rangle\}$ $(n = 1, \ldots, N)$ が与えられたとき,誤差関数 $\mathcal{E}$ が最小となる重み値 $\vec{W}^*$ を決定する最適化問題である.

$$\vec{W}^* = \underset{\vec{W}}{\arg\min}\ \mathcal{E}(\vec{W}; \{\langle \vec{x}^n, \vec{t}^n \rangle\})$$

$\vec{x}^n$ はデータ点,$\vec{t}^n$ は正解タグ(教師タグ)である.

損失関数 ℓ が $\vec{y}(\vec{W}; \vec{x}^n)$ と $\vec{t}^n$ の違いの度合いを表すとき,$\mathcal{E}$ は損失関数を用いて次のように定義される.ここで,$\vec{y}(\vec{W}; \vec{x})$ を出力信号を要素とする R 次元ベクタとした.

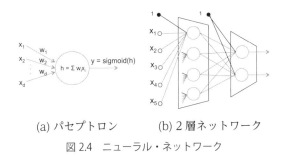

(a) パセプトロン　　(b) 2 層ネットワーク

図 2.4　ニューラル・ネットワーク

$$\mathcal{E}(\vec{W}; \{\langle \vec{x}^n, \vec{t}^n \rangle\}) = \frac{1}{N} \sum_{n=1}^{N} \ell(\vec{y}(\vec{W}; \vec{x}^n), \vec{t}^n)$$

求めた $\vec{W}^*$ を用いると，$\vec{y}(\vec{W}^*; \vec{x})$ は入力データ $\vec{x}$ に対して結果を返す推論プログラムであって，ML システムの中で実行時つまり推論時に使われる．

(c) 学習の進行

先の数値最適化問題を解く基本的な方法は，勾配法 (SD) である．基本的な考え方は，更新式 $W^{\text{new}} = W^{\text{old}} - \eta \nabla \mathcal{E}$ に従って，新しい重み値を逐一計算し，値収束と判定したときに，繰返しを打ち切る．更新式中，学習率を表す η はハイパー・パラメータと呼ばれる．

上式からわかるように，η の値によって，1 ステップでの変化の大きさが異なり，収束性に影響する．最適化問題の解として求めたい学習パラメータに対して，その計算過程に影響を与えることから「ハイパー・パラメータ」と呼ぶ．

学習率 η の値は収束性ならびに結果として得られる $\vec{y}(\vec{W}^*; \vec{x})$ の推論性能に大きく影響する．NN の場合，最適化は非凸問題であり，この数値的な探索が大域的な最小値に収束する保証がない．極小解に捕捉されることがある．一方で，真の最小値は与えた訓練データセットに対する最適解であり，推論対象のデータに妥当な推論結果を与えない可能性を排除できない．このような訓練データセッ

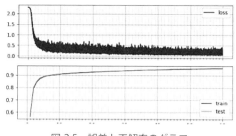

図 2.5 誤差と正解率のグラフ

トに最適な状況を論じることを,"過学習の問題"と呼ぶ.機械学習のアルゴリズムは,収束性の向上と過学習の軽減を両立させなければならない.

NN 学習が進む過程,つまり,重み値を更新する過程で,訓練データセットに対する誤差関数の値は,繰返しを終了させる何らかの情報を与える.別途与えた閾値よりも誤差関数値が小さくなれば終了と判断すればよい.通常,NN 学習プログラムの繰返し過程では,誤差関数の値と試験データセット[29]に対する正解率という 2 つの指標を監視する.図 2.5 は,横軸を繰返し回数(エポックと呼ぶ)として誤差関数の値と試験データセットの正解率を表したグラフである.

このグラフを参照すると,重み値の探索過程が収束していることがわかる.誤差関数のグラフ(上側)は,ほぼ一定の値に収束し,また,正解率のグラフ(下側)は,90% 以上になる.以上から,学習過程が正常に進んでいると判断できるかもしれない.しかし,学習プログラムに欠陥を意図的に挿入した場合であっても,これら 2 つのグラフは,正しいと思われる学習プログラムの場合と,ほぼ同様な形を示す[30].つまり,誤差関数のグラフと正解率のグラフだけでは,プログラムに欠陥があるか否かを知ることが難しい.

---

[29] 確率分布から見て,訓練データセットと同じ特徴を持ち,訓練データセットとは異なるデータセットである.
[30] 区別が難しくなるような欠陥の混入が可能である.

2.4.3 サービス品質

一般に,ソフトウェアについて,サービス (Services) は製品 (Products) が提供する無形の効果を指す.抽象的な言い方であるが,クラウド・コンピューティングの SaaS を考えればよい.素朴には,製品品質が悪ければ,サービス品質も悪い.ソフトウェアの品質を論じる規格 SQuaRE は,開発者から見た製品品質と利用者から見た利用時品質を定義する.利用時品質は製品品質を前提とするが,両者は同じではない.サービス品質は利用者が享受する無形の効果に関わるので,利用時品質と考えてよいだろう.

機械学習ソフトウェアの場合,学習結果を利用した推論プログラムの結果がサービスに対応する.簡単には,与えたデータに対する推論結果の品質,正解率としてよいだろう.製品品質によらずサービス品質が期待の水準であれば,ML システムの品質も良いとする考え方が出てくる.ところが,図 2.5 に関連して論じたように,学習プログラムに欠陥を意図的に混入した場合であっても,推論結果に相当する正解率が悪化しないことがある.つまり,製品品質が悪くても,サービス品質が低下しない場合がある.

機械学習結果の堅固性(ロバスト性)の研究はサービス品質の向上に関わると言える.データセット・シフトに着目する研究[31]は,訓練データセットの適切でない選び方に関する標本バイアスの問題や,訓練データセットと試験データセットが異なる確率分布に従う際の学習結果の堅固性などを論じる研究を含む.

敵対データ例 (Adversarial Example) は DNN の推論プログラムに誤った推論結果を出させるように,ノイズを系統的に追加した入力データである[32].高いサービス品質を達成するという目的から

---

[31] J. Quinonero-Candela, M. Sugiyama, A. Schwaighofer, and N.D. Lawrence (eds.), *Dataset Shift in Machine Learning*, The MIT Press (2009).

[32] C. Szegedy, W. Zaremba, I. Sutskever, J. Bruma, D. Erhan, I. Goodfellow, and R. Fergus, Intriguing properties of neural networks, *Proc.* ICLR, (2014).

は，敵対データ例が入力されたときでも妥当な推論結果を示すことが好ましい．機械学習の基礎として，このような学習方式の研究が進められている．

サービス品質を保証するには，多様なデータセットを用いて学習した結果を推論プログラムで使うようにしたい．そのような研究として，ニューロン・カバレッジに基づくデータセット自動生成の方法[33]がある．DNN の学習モデルから非活性なニューロンを集める．求めたニューロンを活性化させるように試験データセットを修正する．これを繰り返すことで，多様な試験データセットを得ることができ，その結果として，DNN モデルを「デバッグ」していることになる．ニューロン・カバレッジは，学習モデルならびに学習アルゴリズムに依存する方法であるが，訓練済みパラメータを対象とする品質メトリックスと言える．今後，このように，サービス品質を論じるメトリックスの整理が重要になる．

2.4.4 製品品質

サービス品質と関わる推論性能は訓練済みモデルに依存する．学習プログラムに欠陥があると，学習理論通りの期待される結果を得ることができない．ソフトウェア一般に，プログラムの品質を保証する方法，つまり，プログラムに隠れた欠陥を除去する方法が必要となる．学習プログラムは入力の訓練データセットに大きな影響を受ける．多様なデータセットに対して，プログラムの信頼性を調べたい．ソフトウェア・テスティングの方法を用いることになる．

(a) オラクル問題

一般に，ソフトウェア・テスティングは，プログラムの実行結果を検査する正しさの基準が既知であるという暗黙の仮定がある．今，$f(x)$ を検査対象プログラムとする．通常，入力データ値 a に

---

[33] K. Pei, Y. Cao, J. Yang, and S. Jana, DeepXplore: Automated Whitebox Testing of Deep Learning Systems, *Proc. 26th SOSP*, pp.1-18, (2017).

対する結果 C^a は，機能仕様や理論から既知である．このとき，$f(x)$ のソフトウェア・テスティングは，実行結果 $f(a)$ が C^a に一致するかを調べることである．一致しないとき，$f(x)$ に欠陥があると推定する．欠陥箇所を実行しないこともあるので，一致しても欠陥がないと結論できない．

一方，このような正しさの基準があらかじめわかっていないプログラムは，テスト不可能[34]と呼ばれる．機械学習プログラムは，求める重み値 $\vec{W}^*$ は既知でなく，その結果，テスト不可能である．もし，重み値が既知であれば，学習プログラムを実行する必要がない．その既知の重みを用いた推論プログラムを実行時の新しいデータに適用して推論結果を求めればよいのである．

一般に，正解値が既知でない場合，他プログラムの実行結果 R^a を用いてプログラム $f(a)$ を検査する．このような正解値 R^a をゴールデン出力と呼ぶ．ところが，この値を計算したプログラムが正しいという保証はなく，その結果，R^a の正しさも保証されていない．しかし，何らかの正しさの基準を与えるので部分オラクルという．

メタモルフィック・テスティング (MT)[35]は，疑似オラクルの方法の1つで，ゴールデン出力 R^a を得る方法に特徴がある．MT はサポート・ベクタ・マシン (SVM) などの分類タスク機械学習プログラムのソフトウェア・テスティングで成功を収めた[36]．また，SVM の宣言的な要求仕様から，テストデータが満たす条件を系統的に求める手順が論じられている[37]．

---

[34] E.J. Weyuker, On Testing Non-testable Programs, *Computer Journal*, Vol.25(4), pp.465-470, (1982).

[35] T.Y. Chen, S.C. Chung, and S.M. Yiu, Metamorphic Testing - A New Approach for Generating Next Test Cases, HKUST-CS98-01, The Hong Kong University of Science and Technology, (1998).

[36] X. Xie, J.W.K. Ho, C. Murphy, G. Kaiser, B. Xu, and T.Y. Chen, Testing and Validating Machine Learning Classifiers by Metamorphic Testing, *J. Syst. Softw.*, Vol.84(4), pp.544-558, (2011).

[37] S. Nakajima and H.N. Bui, Dataset Coverage for Testing Machine Learning Computer Programs, *Proc. 23rd APSEC*, pp.297-304, (2016).

(b) データセット多様性

　一般に，機械学習の結果は，訓練データセットに依存する．訓練データセットは統計的な処理対象の標本であり，したがって，標本のデータ分布が学習結果に影響すると言える．ソフトウェア・テスティングを行う際にも，入力データ個々の違いではなく，入力データセットとしての違いに注目すると，テスト作業を効率化できるだろう．特に，コーナーケース・テスティングになるような分布に従うデータセットを用いることが望ましい．

　従来のソフトウェア・テスティングで用いていたカバレッジ基準は，プログラムの制御フローに注目したものだった．しかし，機械学習プログラムは数値的に最適解を求める繰返し処理が中心であって，複雑な制御フローを持たない．例外的に単純なデータセットでない限り，コード・カバレッジが満たされるので，このようなカバレッジは有効な基準とはならない．

　データセット多様性[38]は，データセットの微妙な違いに影響を受けるという学習プログラムの特徴に着目する考え方である．この方法は，手書き数字分類タスクのニューラル・ネットワークのプログラムに適用されている．

2.4.5　継続運用

　機械学習を利用したMLシステムは，学習と推論という2つのフェーズを含む．学習フェーズで期待通りの正解率を得る学習パラメータ値を求めたとしても，MLシステムの運用時に受け付けたデータに対しては誤推論を起こすことがある．データセット・シフトの問題として論じられているように，運用時入力データが，学習時の訓練データセットの標本分布から外れている場合に生じる．このような状況に遭遇するとき，誤推論を導いたデータに対して2つの対応策が考えられる．すなわち，当該データを外れ値として除去

---

[38] 中島震，データセット多様性のソフトウェア・テスティング，『コンピュータ・ソフトウェア』，Vol.35(2), pp.26-32, (2018)

するか，あるいは，本来考慮すべきデータとして再学習するかである．除去するか再学習の対象とするかの判断は，当該 ML システムに期待する機能と関わる．この判断が可能か否かは大きな問題であるが，仮に，何らかの基準があって，当該データを追加した新しい訓練データセットに対する学習フェーズに戻る[39]としよう．

ML システムの運用フェーズは，入力データに対する誤推論の発生監視を含む．受益者 (beneficiaries) の期待に応じて，新しいデータセットに対して再学習するかを決定する．ソフトウェア工学の観点から論じるならば，ML システムの継続的な適応保守の問題である．

2.5 まとめ

Industrie4.0 が代表する製造業イノベーションの分野で論じられているプラットフォームは，インターネット・ビジネスを支えるクラウド中心のテクノロジー・プラットフォームと共通する一方，いくつかの点が異なる．第 1 に B2B であること，第 2 にインダストリアル・ビッグデータ (Industrial Bigdata) を対象とすること，第 3 に実世界の対象と計算機の中に表現した対象とが密な結合を示すこと，である．そして，要求ディペンダビリティを達成する技術の確立が最も重要な課題だろう．

本書では，この「製造業イノベーションを支えるテクノジー・プラットフォーム」を次のように定義する．

> "実世界の現れとしてのデータをもとに，スマートなサービスを，俊敏かつ継続的に提供するテクノロジー・プラットフォーム"

---

[39] ここでは議論を簡単化することからオフライン学習方式を考える．

スマートなサービスを実現する技術は，新しいアプリケーション・フレームワークを必要とする．第1に，実世界の対象とソフトウェア・オブジェクト状態の一貫性を保つデジタル・ツイン (Digital Twins) は，オブジェクト指向技術の高度な適用だろう．第2に，実世界の現れとしての膨大なデータの分析は，深層ニューラル・ネットワークのような統計的な機械学習の方法を必要とする．

また，インダストリアル・ビッグデータを対象とすることから，動作環境からみたアーキテクチャ（図2.1）が大きな影響を受ける．実行性能を向上し，運用管理を容易にするということから，広域分散環境のクラウドと製造の場に近い分散環境のエッジに階層化したシステム・アーキテクチャを採用することが現実的な選択になる．クラウドは，ビッグデータ解析や機械学習といった統計的な方法を用いる大規模計算を担う．一方，産業機器から生じる膨大な量のデータすべてをクラウド側に転送して処理することは実行時性能の低下を招く．データ発生箇所に近いところで実現可能な機能をエッジで実行する．また，産業機器からエッジまでの範囲を組織内に閉じた運用管理[40]とすることで，収集した生産現場に関わる生データがクラウド[41]に染み出ることを避ける．エッジで適切に「加工」したデータをクラウドに送出すればよい．

実用的な製造業イノベーションを支えるテクノジー・プラットフォームの開発に際しては，クラウドとエッジからなる機能分散アーキテクチャの実現が重要となる．

参考文献

[1] I. Goodfellow, Y. Bengio, and A. Courville, *Deep Learning*, The MIT Press (2016).
[2] S. Haykin, *Neural Networks and Learning Machines* (3ed.), Pearson India (2016).

---

[40] 組織内で運用するインターネットであり，イントラネットと呼ぶことがある．
[41] The Internet を前提とする．

[3] 情報処理学会 歴史特別委員会（編），『日本のコンピュータ史』，オーム社 (2010).
[4] E.A. Lee and S.A. Seshia, Introduction to Embedded Systems (1st ed.), http://LeeSechia.org/ (2010).
[5] 中島震，みわよしこ，『ソフト・エッジ』，丸善ライブラリー (2013).
[6] 中谷多哉子，中島震，『ソフトウェア工学』，放送大学教育振興会 (2019).
[7] P.G. Neumann, Computer Related Risks, Addison-Wesley (1994). ［邦訳］滝沢徹，牧野祐子訳，『あぶないコンピュータ』，ピアソン・エデュケーション (1999).
[8] C. Perrow, *Normal Accidents: Living with High-Risk Technologies*, Princeton University Press (1999).
[9] J.D. Sterman, *Business Dynamics: Systems Thinking and Modeling for a Complex World*, Irwin McGraw-Hill (2000).
[10] 玉井哲雄，『ソフトウェア社会のゆくえ』，岩波書店 (2012).
[11] 所真理雄，松岡聡，垂水浩幸（編），『オブジェクト指向コンピューティング』，岩波書店 (1993).

第3章 サービタイゼーションとプラットフォーム

高梨 千賀子

　コンピュータ技術の発展が，ビジネスにどのような影響を与えてきたかを振り返る．B2B市場では，サービタイゼーション(Servitization)による新しいビジネスモデルが登場し，また，ビジネス・プラットフォームの移り変わりが見られた．サービタイゼーションとプラットフォームという2つの現象は強く関連している．

3.1 コンピュータ技術発展の影響

　ビジネスの世界では，コンピュータ技術の発展をデジタル化と呼ぶ．このデジタル化がもたらした影響を振り返る[1]．

　デジタル化が起こったきっかけは，マイクロプロセッサの登場である．その1971年以降，デジタル技術で，製品を設計し，製品の機能を実現するようになった．その結果，1つの製品を多数の構成要素に分解し，製品の1部を切り出すことが可能になる．これがモジュール化である．モジュールを組み合わせる方法，モジュール間のインタフェースを規定することで，積み木細工のようにモジュールを組み合わせることができる．モジュール化が進展した製品では，それまで先進国に優位性があった「すり合わせ」の技術ではなく，新興国の低い労働コストが差別化要因となっていった．

　ネットワーク化によって世界が物理的な距離を超えてつながる

---

[1] 本節の記述は，小川紘一 (2009)[17]，小川 (2015)[18] を参照している．

ようになると，大量のデジタル・データを瞬時に伝送できるようになった．また，デジタル化された設計データが共有，標準化されると，技術蓄積の少ない新興国であっても，対象製品を生産できるようになり，新興国企業の台頭につながった．

モジュール化ならびにネットワーク化は，製品の急激なコモディティ化をもたらした．コモディティ化は，製品差別化の要因が技術ではなく価格にシフトする現象を言う．往々にして，ハードウェアへの開発投資は回収される間もなくサンクコスト（埋没コスト）となった．その典型的な例がDVDである．日本企業が主導してDVDの標準化を進めたものの，より多くの収益を得たのは新興国企業である．日本企業の多くは市場の立上りから数年間，上位シェアを維持していたものの，やがて新興国企業にシェアを奪われていった．

デジタル化の世界では，ソフトウェアが製品機能を実現する．装置製品の仕組みを提供するハードウェア構成が同じでも，ソフトウェアを更新することで，新たな機能を使い続けることができる[2]．そこで，ビジネスの収益源としてのソフトウェアの価値が急速に拡大した．つまり，価値形成のメカニズムが装置技術の塊であるハードウェアから人工的な論理体系をもとにしたソフトウェアにシフトしはじめた．これはソフトウェア化と呼ぶことができよう．

デジタル化あるいはモジュール化，ネットワーク化，ソフトウェア化，およびそれらの国際標準化は，最終的に，世界的なレベルで産業構造を一変させ，いわゆるエコシステム型のグローバルな産業構造を生み出した．技術格差をテコにして新興国を取り込んだエコシステムを形成することで，安価な製品を短いリードタイムでグロ

---

[2] ソフトウェアを快適に機能させるには，ソフトウェアの機能拡充に見合った演算処理の優れたチップ（ハードウェア）を搭載する必要がある．それを如実に示したのが，1990年代〜2000年代にかけてみられたマイクロソフトとインテルの蜜月関係だろう．マイクロソフトがWindowsをバージョンアップするたびに，インテルがチップを高性能化した．その構図が変化したのは，クラウド・コンピューティングが登場してからである．

ーバル市場に提供できるようになった．日本の家電産業やエレクトロニクス産業はその影響を大きく受けることとなった．

3.2 サービタイゼーションへの流れ

　グローバル市場で新たな産業構造が出現し，製品におけるハードウェアの価値が低下するのに伴い，ハードウェアに注力してモノ売りを行ってきた企業はサービタイゼーションのビジネスに向かう．2000年代に入ると，日本では「モノづくり」から「コトづくり」というキャッチフレーズで，主にバリューチェーンにおける業務を「付加価値サービス」として自ら提供したり，非コアな業務を請け負ったりするアウトソース・ビジネスが出現した．しかし，IT バブル崩壊の影響が軽微であった上に，モノづくりの強い日本は，IT 産業をモノづくり企業の下請け的な存在に位置づけし，サービタイゼーションへの転換が限定的な形にとどまった．

　これに対し，米国では，製造業は新興国企業の台頭により競争力を失いつつあったことから，製造業に代わってサービス産業が GDP に占める貢献が大きくなっていた．なかでも，知識集約型の IT 産業が経済をけん引していたが，当時は，経験や勘への依存が大きく，製造業に比して生産性が低かった．2000年ごろの IT バブル崩壊によって IT 産業が大きな打撃を受けると，製造業の立て直しと，サービス産業の中でも特に IT 産業の重要性を再認識し，サービスを科学し，その経済性，有効性をきちんと計測し強化しようとした．この姿勢は，2004年に出された重要なレポート「イノベート・アメリカ」で鮮明になった．

　この報告書は，IBM の Palmisano 会長が共同チェアマンを務めた米国競争力協議会で作成されたもので，「製品中心のイノベーションが経済をけん引していた時代から，サービスを中心とする経済システムへの転換が起きている．サイエンスを統合して，サービス・イノベーションを興すことが次の経済社会の主要な課題であ

る」とし，サービス・イノベーションを推進することを論じた．こうした取組みの中で，次節に紹介するサービス・ドミナント・ロジック（S-D ロジック）という概念が現れる．S-D ロジックはマーケティング分野の知見を基本として，さまざまな分野を取り込みながら「顧客との価値共創」を中心概念に据えた統合的な体系である．米国製造業のサービス化および IT 産業の発展という 2000 年代に見られた現象は，このような理論武装を伴うものだったと考えられよう．

3.3 価値に対する考え方

「イノベート・アメリカ」が発表されたまさに 2004 年，S-D ロジックを提唱した Lush and Vargo の論文が発表された[3]．それ以降，サービス・ドミナント・ロジックに関する研究が進められた[4]．

S-D ロジックは，従来の G-D ロジック (Goods Dominant Logic) へのアンチテーゼである．G-D ロジックが従来のモノ中心の考え方で，モノそのものに価値があり，価値はモノによって創出されると捉える．したがって，価値を創出するのはメーカーとなる．価値の有無を判断するのは，モノの提供者（メーカー）であり，ユーザーはモノの購入に際して，モノとの交換として，対価を払う．一方，S-D ロジックでは，モノは使用されて初めて価値を持つと考える．購入しても使わない，使うのに手間がかかるといった，宝の持ち腐れの状態は価値を生まない．このような考え方は「使用価値」，あるいは，「文脈価値」と呼ばれる．文脈価値は使用価値を広く捉えたもので，使用する文脈（ユーザーがモノを使用する環境，使用するモノが位置づけられる企業活動やバリューチェーンなど）

---

[3] S.L. Vargo and R.F.Lusch [24].
[4] R.F. Lusch and S.L. Vargo [14] は，2004 年の論文発表後 10 年間の議論を反映し，まとめた著書．

3.4 新しいビジネスモデルの登場

```
┌─ S-D ロジック ──────────────────────────┐
│  ┌──────────────────────────────────┐  │
│  │         サービス                  │  │
│  │ 自分やほかの人の「便益」を実現するために │  │
│  │        資源を適用すること          │  │
│  └──────────────────────────────────┘  │
│     変換されるのはサービス（使用プロセス）      │
│   Goods と Services はサービスの代替的な供給手段 │
│  ┌─ G-D ロジック ────────────────────┐  │
│  │      変換されるのは Goods          │  │
│  │ Services は Goods に付随するもの，あるいは，無形財 │
│  │  ┌──────────┐   ┌──────────┐   │  │
│  │  │Goods（有形財）│   │Services（無形財）│ │  │
│  │  └──────────┘   └──────────┘   │  │
│  └──────────────────────────────────┘  │
└────────────────────────────────────────┘
```

出典：村松・井上 [13] に著者加筆

図 3.1　S-D ロジックと G-D ロジック

やそこでのユーザーエクスペリエンスなども含めた広い概念である．このような使用価値あるいは文脈価値の有無を判断するのはユーザーであり，ユーザーは，その価値に対価を払う．

G-D ロジックと S-D ロジックでは，サービスの定義が異なることに注意してほしい（図 3.1）．G-D ロジックでは，サービスは単にモノ（Goods）の魅力を高める補助的機能とみなされている．一方，S-D ロジックにおけるサービスはより広範な意味をもち，「ユーザーの便益（ベネフィット）を実現すること，そのために資源を創造したり，企業，ユーザーや社会が持つさまざまな資源と統合したりすること」である（表 3.1）．ユーザーの便益を実現するには，ユーザーおよびモノの使用に関するさまざまな情報が不可欠であり，この点で，ユーザーは企業とともに価値を共創するパートナーと位置づけられる．そこで，ユーザーがどのように便益を知覚し，適切に使用できるようになるかといったユーザー側の学習やスキルが重要となる．

3.4　新しいビジネスモデルの登場

次に，B2B 市場のサービタイゼーション過程で登場した新たなビジネスモデルについてまとめる．まず，本書でのビジネスモデル

表 3.1　G-D ロジックと S-D ロジックの基本的な違い

	モノ中心の考え方 （G-D ロジック）	サービス中心の考え方 （S-D ロジック）
交換されるもの	モノ	サービス
顧客に対する認識	操作対象者	価値共創者
価値尺度	交換価値	使用価値/文脈価値
価値判断の主体	売り手	顧客（ユーザー）
価値創造の方法	売り手がモノに交換価値を付加する	売り手と顧客が一緒になって価値を共創する
マーケティング・コンセプト	製品志向	顧客志向
交換プロセスの終点 （企業の目標）	モノの交換	顧客による価値の知覚

出典：村松・井上 [13] p.31

を定義し，新たなビジネスモデルを概観する．具体的な事例としてコマツの例を取り上げる．

3.4.1　ビジネスモデルとは

　日常的に使っているビジネスモデルという言葉には，さまざまな定義が与えられている．本書では，伊丹・森[5]によって，"「戦略」に基づいて，モノ・サービスを顧客に提供し，事業として収益を上げる一連の仕組み"と定義する．伊丹・森は，このビジネスモデルを「収益モデル」と「ビジネス・システム」が構成すると考える．「収益モデル」はいかに稼ぐかの方法を示すものであり，「ビジネス・システム」は収益モデルを実現するさまざまなシステムを指す．以下，簡単に説明しよう．

　「収益モデル」は，「売上げ面での工夫」と「コスト面での工夫」を考えることが重要である．売上げ面での工夫には，①対価を払う相手についての工夫，②対価の対象についての工夫がある．①について，ランドセルの例がよいだろう．ランドセルを使うのは子供で

---

[5] 伊丹敬之，森健一 [12]

あるが，購入する（対価を払う）のは親ばかりでない．入学祝として贈りたいと思う祖父母も支払い者になりうる．②は，すでに対価を得ていた製品やサービスとは異なる対象物を作り出し，新たな対価の獲得方法を工夫することである．通常は，受益者負担に従うことから，サービスを提供する際，そのサービスを利用する人から対価を受け取る．しかし，Googleは，検索サービスを使っている一般のユーザーから対価を得るのではなく，検索結果を表示するページに広告を掲載する企業から，広告掲載の対価を得ている．

一方，コスト面での工夫においては，通常であれば，生産効率を上げ，生産工程での無駄を省くことでコストを低減する．また，標準化，低コスト・インプットの活用，アウトプットの売れ残りリスク削減などを工夫する．

ビジネス・システムは，顧客に製品やサービスを届けるまでに企業が行う仕事の仕組みを指す．顧客との接点で，他社との競争に勝つことができるような差別化を実現する，つまり，容易に模倣できないシステムを構築することが重要になる．ビジネス・システムを構成する個々の仕事が効率的になるように，そして長期にわたって維持することができるように，ビジネス・システムの上をモノ，カネ，情報などの経営資源がスムーズに流れることに注力する．

「モノの流れ」はわかりやすいだろう．たとえば，カスタマイズされた製品を顧客に届けることを差別化戦略のポイントにする場合，顧客の要望に応じて必要な原材料や部品が注文後すぐに製造工程に集まるシステム，カスタマイズ製品を効率的に生産する業務，でき上がった製品をすぐに顧客に配送する業務，多種多様な原材料や部品が過大な在庫とならないようにする在庫管理などの構築が重要となろう．「情報の流れ」では，位置管理によってモノがスムーズに流れるシステム，顧客ニーズを新製品開発や製品改良に活用するシステム，顧客からの注文情報を生産現場に伝送するシステムなどがある．

3.4.2　B2B 市場の新しいビジネスモデル

さて，このようにビジネスモデルを定義したところで，B2B 企業がサービタイゼーションによって，どのような新たなビジネスモデルを考案しているかを見てみよう．

まず，対価の対象に注目する．従来はモノの機能価値で対価を得ていたが，今後は顧客から見た使用価値あるいはモノの使用を通じて得る成果，アウトカムが焦点になる．ここで，製品の「使用価値」を買うとは，製品使用によって得る便益を買うということである．モノが壊れたら便益を出し続けることができなくなる．便益を出し続けるには，壊れる前に交換し，あるいは，予防措置により壊れないようにする．

自動車のタイヤは，摩耗した状態のまま走行すれば危険極まりない．そこで，走行距離やタイヤの使用状況を把握することで，ユーザーが安全に走行できるように適切な時期に交換することが価値を高める方法になり，走り続けるというタイヤの「使用価値」を保証することになる．たとえば，ブリヂストンは，センサーを活用した方法を採用している．タイヤにセンサーを入れ，そのセンサーをネットワークにつなぎ，使用状況や稼働状況をモニタリングすることで，顧客サイドでの製品の使われ方を把握する仕掛けを構築した．さらに，顧客の使用状況への適応性を向上させるために，製品出荷後，遠隔操作によって製品機能の設定 (Configuration) を柔軟に変更・調整するサービスも展開している．

Porter and Heppleman[6]の言う Smart Connected Products（以下，スマート・プロダクト）は，このような「仕組み」を備えた製品を指している．すなわち，ソフトウェアを搭載し，ソフトウェアでさまざまな機能を実現するとともに，インターネットへの接続機能を備えることで，製品個々の実際の使われ方や使用環境をリアルタイムで把握する．また，ネットワークを介して収集したデータを

---

[6] Porter and Heppleman [20]

高度なコンピューティング技術で解析することで，運用や保守の最適化という新たな顧客価値を生み出す．さらに，スマート・プロダクトから得られる情報は経営資源（インプット）として蓄積され，新たな価値を生み続ける．

こうした新たなビジネスモデルが登場するのに伴い，モノの所有権も変化している．従来の産業財では，モノはアセット（資産）としてユーザーが保有し，ユーザーはそのアセットを使用して何かを産み出すことでビジネスを行ってきた．たとえば，ロボットや工作機械などがその例である．車のボンネットを作るメーカーは，購入したロボットをアセットとして保有し，これを使用して鋼板からボンネットを製造した．

それに対し「as a Service」と呼ばれる新しいビジネスモデルでは，ユーザーがモノ（アセット）を持たずに，レンタルやリースで使用料を払ってモノを使う．たとえば，ロボットメーカーのKUKA は Robot as a Service というビジネスモデルを採用している．KUKA の顧客は，ロボットを購入するのではなく，KUKAからロボットを借り，ロボットを使用した分だけ，つまり生産という成果（アウトカム）に結びついた分だけ，KUKA に代金を支払う．ユーザーはロボット購入という初期投資を削減できるというメリットが大きい．一方，KUKA はレンタルによりロボットの所有権を維持しているので，ロボット制御ソフトウェアのアップデート，新機種導入やロボットからの情報収集を容易に行えるというメリットがある．

もう1つ，デジタライゼーションの時代に重要となる観点は，モノが使われるそのときどきの環境の変化を捉えて，個々のニーズに適合させることである．ジェットエンジンでもタイヤでも，顧客の使い方，貨物積載量，使用環境や道路状態などに応じて，摩耗や燃費，性能が変ってしまう．こうした変化への対応が新しい顧客価値を生むのである．

このような使用価値に注目する柔軟な収益モデルはほかにも登場

している.たとえば,運転時間や稼働率などを保証するパフォーマンス・ベース(成果ベース)と呼ばれる課金方式,月額課金,使った分だけ課金する使用量課金(サブスクリプション),レベニューシェアやプロフィットシェアと呼ばれ,パートナーと相互協力で生み出した利益を一定割合でシェアする方式などがある.

3.4.3　サービタイゼーションの事例：コマツ[7]

具体的な事例を用いて,B2B 企業がどのようにサービス化を行い,新たなビジネスモデルを展開しているのか,を説明する.取り上げるのは,建機メーカーで世界シェア 2 位のコマツである.

コマツは,2000 年代半ば,「顧客がほかの企業ではなくコマツを選んでくれるようにする」ために,ブランド戦略を打ち出した.坂根氏が社長を退任するにあたり,代を重ねても育つ会社にしようと,ダントツ商品,ダントツサービス (KOMTRAX) をまとめた.

基本的な考え方は,イノベーションによる「成長戦略」である.中心コンセプトは顧客重視であり,顧客ニーズを満たし,課題解決を支援するために,新しい価値を創造するというものだった.コマツは,ダントツ製品(ICT 建機),ダントツサービス (KOMTRAX) に,ダントツソリューション(スマート・コンストラクション)を加え,表 3.2(詳細は後述する)に示すようなビジネスモデルを構築した.しかし,あくまでもコマツの「製品」である建機のコア技術,つまりキーコンポーネント技術を中心に据えるものである.サービス化に向かっていても,メーカーとしてのアイデンテ

---

[7] 本記述は,コマツへの 2 回にわたるインタビューのほか,以下を参照した.
荒川秀二,KOMTRAX STEP2 の開発と展開,コマツテクニカルレポート,Vol.20, 150, pp.8-14 (2002).
四家千佳史・小野寺昭則・髙橋正光,建機メーカーが描く ICT 建機施工を中心とした建設現場の未来(「スマートコンストラクション」導入)コマツテクニカルレポート,Vol.91, 168, pp.2-6 (2015).
四家千佳史；プレゼンテーション資料,日本建設機械施工協会
http://www.kantei.go.jp/jp/singi/keizaisaisei/miraitoshikaigi/dai1/siryou6.pdf

ィティは変わらない．

　コマツの取組みの移り変わりを振り返ろう．最初の取組みは，KOMTRAX（ダントツ・サービス）だった．2000年前後のことである．KOMTRAXは機械稼働管理システムを基本とする．GPSからの位置情報，エンジン・コントローラからの稼働状況，ポンプ・コントローラからの燃料残量の情報を，通信機能を使って，コマツのセンターに送る仕組みになっている．KOMTRAXサービス開始から数年後には，盗難防止の仕組みを組み込んだ．ユーザーの現場から500メートル以上車が移動したら「お知らせメール」が発信され，サーバから送られた命令によってキーを入れてもエンジンがかからなくなる．また，KOMTRAXは，当初，オプション装備だったが，2001年から標準装備となった．KOMTRAXによって，稼働率や燃料残量に基づいた運転提案，的確なメンテナンスが可能となったのである．

　その後，建機の半自動化（ICT建機：ダントツ製品）を実現した．技能労働者の高齢化が進み，深刻な労働力不足が懸念されている日本の建設産業（建設会社の90%以上が中小事業者）にとって，労働生産性を上げることは急務である．コマツは建機をダントツにICT化（ソフトウェア化）することで．この課題に対応する．たとえば，ブルドーザーではブレード位置制御に加え，ストロークセンサーをシリンダーにつけて，負荷制御，スリップ制御を可能にした．また，油圧ショベルではセンサーをシリンダーにつけることで，設計面に刃先が食い込まず，バケット刃先が設計面に沿って動くよう制御できるようにした．こうした改善により，建機をリモートコントロールできるようになり，スキルの少ないオペレータでも，作業できるようになった．加えて，技術的なサポートが必要な中小規模のユーザー向けに，ICT建機のレンタル制を導入した．

　次に，コマツは施工プロセスに着目した．現在の土木施工現場は，安全性（多くの作業者が介在しており，事故が多い），熟練オペレータ不足，長期にわたる工期（測量，丁張り，検測など，多く

第3章　サービタイゼーションとプラットフォーム

表 3.2　ビジネスの拡張：モノ売りからサービス・ビジネスへ

	分割払い		Rental as a business
←　モノへの課金　→		←　使用への課金　→	

建機の製造・販売	コムトラックス(車両稼働管理システム)	建機の半自動化 ICT建機	スマート・コンストラクション
建機	建機	建機	建機
修理費・整備費	修理費・整備費	修理費・整備費	修理費・整備費
燃料	燃料	燃料	燃料
オペレータ費	オペレータ費	オペレータ費	オペレータ費
測量	測量	測量	測量
工程設計	工程設計	工程設計	工程設計
施工図面作成	施工図面作成	施工図面作成	施工図面作成
見積り	見積り	見積り	見積り
進捗報告・納品書	進捗報告・納品書	進捗報告・納品書	進捗報告・納品書
運用	運用	運用	運用

（コムトラックス：機械の見える化／ICT建機：機械のソフトウェア化／スマート・コンストラクション：施工の見える化）

出典：コマツ関係者へのインタビューをふまえて，著者作成

の工程がある），現場の進捗管理が困難，といった多くの課題を抱えている．そこで，コマツは，ユーザーのバリューチェーン上の施工プロセスに対するソリューションの提供，スマート・コンストラクションを企画した．たとえば，施工着手前のプロセスとして，ドローンによる現況測量を行う一方で施工図面を3次元化し，現況と図面の相違をもとにした施工計画シミュレーションを提供した．施工に際しては，ICT建機を用いて，高度化した施工/施工管理サービスを，また，施工完成時には，得られたデータを検査・検収に活用できるようにしている．さらに，スマート・コンストラクションのソリューションをモジュール化し，ユーザーが選択可能にした．

表3.2は，コマツが行ってきたモノ売りからスマート・コンストラクションまで，ビジネスの拡張をまとめたものである．グレーの網掛け部分は，ユーザーの負担を示している．以前のモノ売りのと

きには，コマツの建機を購入し，自ら施工を行っていたので，すべてがユーザー負担だった．他方，スマート・コンストラクションでは，ユーザーの初期および運用コストが極端に少ないことがわかる．これらはビジネスモデルの変遷ではなく，ビジネスモデルのオプションの拡大を示している．コマツは顧客のニーズに応じてこれらを選択的に用いているのである．

3.5 ビジネス・プラットフォームの議論

本節では，経営学においてどのようにプラットフォームが議論されてきたかを概観する．特に，商品開発を効率的に行うためのプラットフォーム，イノベーションの創出基盤としてのプラットフォーム，商取引基盤としての両面市場，サービス・オープン・プラットフォームに着目する．両面市場は二面市場とも言われ，3つ以上のマーケットを結びつけるものは多面市場(Multi-sided Market)と呼ばれるが，ここでは代表して両面市場と呼ぶことにする．

3.5.1 商品開発に向けたプラットフォーム

延岡[8]は，商品開発の視点からプラットフォーム構築の重要性を指摘した．

市場が不確実な中で，多様な商品を低コストで短期間に市場に提供する方策の1つがプラットフォームである．商品開発において，個別商品の最適化だけで市場競争を生き抜くことは難しい．商品開発プロジェクト間で資源（技術，部品や開発人員）を共有し，また長期にわたって活用できるように，企業内で技術移転や組織学習を目的とするプラットフォーム化を行い，商品間の技術的な共通化を戦略的かつ系統的に行う統合的な商品開発戦略性の重要性を示した．ソニーやトヨタなどのメーカーが長年取り組んできた課題への

---

[8] 延岡健太郎 [16]

アプローチである．

3.5.2 イノベーション創出基盤としてのプラットフォーム

延岡が商品開発という企業（グループ）内の戦略を論じたのに対し，Gawer and Cusumano[9]は，産業レベルでイノベーションを促進する基盤としてプラットフォームを論じた．取り上げた事例は，IntelやCiscoといったIT・エレクトロニクス企業であり，水平分業が進んでいる業界である．そのような産業構造においては，レイヤーごとにイノベーションが起こり，システム全体としてのイノベーションの成果は小刻みで不ぞろいになる．Gawer and Cusumanoは，業界内の他社，すなわち補完業者に働きかけ，全体として業界をけん引する能力に焦点を当てた．たとえば，PCというオープン・モジュール・システムを考えたとき，インテルはCPU (Central Processing Unit)という小さな部品を供給している企業にすぎなかった．ところが，CPUと他機能チップ間のインタフェース(IF)標準策定の主導権を，IBMなどの完成品メーカーから奪った．それ以降，補完業者を巻き込みながらIF規格の見直しを主導し続けることで，イノベーションの基盤としてのプラットフォームをリードするようになる．

プラットフォームは複数の部品あるいはコンポーネントからなるシステムで中心的な役割を果たすが，それが機能するのは補完製品と組み合わせることによる．したがって，プラットフォームの進化には，補完製品のイノベーションが不可欠であり，補完製品に対してイノベーションを急ピッチで仕掛ける必要がある．このようなプラットフォーム戦略で大きな成功をおさめてきたインテルの行動は，プラットフォーム・リーダーシップと呼ばれている．

---

[9] A. Gawer and M. Cusumano[9]

3.5.3 ビジネス・エコシステムの中のプラットフォーム

　Gawer and Cusumano のプラットフォーム・リーダーシップ論で定義されているリーダーシップとは,「自社の特定のプラットフォームのために,業界のさまざまなレベルでイノベーションを促す能力」である.その意味で企業の競争優位を論じたものだった.それに対し,Iansiti and Levien[10]は,Gawer and Cusumano で示されているような補完業者を含む事業環境を,エコシステム(生態系)と捉えた.イノベーションを企業単独で実施することは困難になり,エコシステム間の競争へとシフトし,エコシステムの繁栄が競争優位につながるとした.エコシステムの中で見ると,プラットフォームは,エコシステムのメンバーがインタフェースを介してアクセスできる共有ソリューションを提供する基盤である.共有ソリューションは,個々のサプライヤーとの取引で繰り返し発生する「冗長な部分」でもある.例として,小売り大手の Walmart が構築したリテールリンクは,Walmart とサプライヤー間の情報共有システムであり,エコシステムの要となっている.

　エコシステムの競争優位は,健全性の観点から測ることができる.具体的には,Productivity(生産性:投下資本利益率),Robustness(メンバーの生存率と生態系の持続性),Niche Creation(新規企業の登場による多様性の増大,製品や技術の多様性の増大)である.ビジネス・エコシステム内のプレイヤー[11]としては,キーストーン(ハブ機能を果たすプレイヤー)とニッチプレイヤー(特殊能力を持つ小規模な存在.ハブ企業に依存しながらも他のメンバーとともに価値を共創する)が重要となる.

---

[10] M. Iansiti and R. Levien [10] [11]
[11] Iansiti and Levien [10] [11] は,エコシステムのプレイヤーを①キーストーン,②ドミネータ,③ハブの領主,④ニッチプレイヤー,の4つに分類している.②のドミネータは,エコシステムの大部分をコントロールし価値創出のほとんどを自ら行い,水平的および垂直的な統合企業が相当する.③のハブの領主 (Landlord) は,価値創出を他メンバーに依存しているにも関わらず,価値を独占する企業である.②,③はエコシステムの健全性を維持するには好ましくない.

3.5.4 アーキテクチャ論の中のプラットフォーム

製品アーキテクチャは「構成要素間の相互依存関係のパターンで記述されるシステムの性質」[12)13)]として製品を捉える．この捉え方はビジネス（分業のパターン）や産業（産業構造）に応用されてきた．なぜなら，構成要素の相互依存関係は製品の作り方に影響し，個人間，部署間，サプライヤー間などでは，相互依存関係をどう処理していくかで協業のしかたが変化するからである．

構成要素間の相互依存関係は，システムの複雑さにつながる．複雑さを減少させるには，①構成要素の数（要素間の関係の数）と，②ある構成要素のパラメータの変化がほかの要素のパラメータの変化を要請する度合い（依存性）を減少させればよい．具体的には，階層化・インタフェース(IF)の集約化（①）および IF のルール化（②）が手段となる．すなわち，モジュール化である[14)]．

アーキテクチャのどの階層でどの程度モジュール化を行うか，IF を誰に対してオープンにする（共有する）のかで，マネジメントのしかた，取引関係，産業構造が変化する．たとえば，日本の自動車産業は完成車メーカーを頂点として部品メーカーがピラミッド状に階層をなしている．完成車メーカー（たとえばトヨタなど）と完成車に直接組み込まれるモジュールを製造している「ティア1」と呼ばれる部品メーカー（たとえばアイシン精機など）の間には，完成車の QCD を高めるために密接な関係があり，それが高い競争力をもたらしたことが多くの研究で指摘された．インテグラル型（すり合わせ型）[15)]と呼ばれる形態である．しかし，同じ自動車であっても，メーカーや国でモジュール化のやり方やそのマネジメントが変わってくる．製品によっても，当然異なる．

---

12) K.T. Ulrich[26]
13) 青島矢一[1]
14) 藤本隆宏，武石彰，青島矢一[8]
15) モジュール型，インテグラル型に分けて製品や組織能力を議論する代表的な文献として次のものがある．
C. Baldwin and K. Clark[2], 藤本隆宏[7]

アーキテクチャ論の中でのプラットフォームは，このようなモジュール化による階層化・IFの集約化・ルール化を前提とし，オープン&クローズの議論とともに互いに関連しあう2つの方向で論じられた．1つは，階層間の協業の場としてのプラットフォーム構築であり，もう1つは多くの階層を統合的に支配していく戦略としてのプラットフォーム構築である．90年代～2000年代にかけて議論されてきたアーキテクチャ論では，後者の階層を統合する能力の重要性が指摘されていた．

前項のIansitiらのビジネス・エコシステム論でも，同様にアーキテクチャやその統合力が論じられている．ソフトウェア分野のAPI[16]をアナロジーとして用いながら，プラットフォームはIFを介して異なるエコシステムを「穏やかに統合する」ものであり，段階的に拡張していく管理が重要であると指摘している．

3.5.5 両面市場

2000年代半ば，サービス・サイエンスという分野が拓かれた．米国のIT企業が提供するサービスの費用対効果を科学的に測る試みがなされる中で，両面市場 (Two-sided Market) の議論が盛んになった．代表的なものとしてRochet and Tirole[17]やBoudreau and Hagiu[18]などが挙げられる．

Rochet and Tiroleは，プラットフォームを次のように定義した．両面市場を「2つ以上の異なるタイプの顧客を対象とするプラットフォームを持つ製品があって，その顧客が相互に依存し合い，共同で関与することでプラットフォーム価値を拡大させているもの」とする．たとえば，iPhone市場とそのアプリケーション市場を考えればよいだろう．このような両面市場で，市場成長を促すメカニズムはネットワーク効果である．2つの市場と取引するプ

---

[16] APIに関しては第2章2節を参照のこと．
[17] J.C. Rochet and J. Tirole[21]
[18] K.J. Boudreau and A. Hagiu[3]

ラットフォーム企業（以下，プラットフォーマ）は，両面市場での価格を巧みに設定することで直接的な関係に加え，間接的なネットワーク外部性の効果を戦略的に活用する．これを両面市場戦略と呼ぶ．

しかし，両面市場の価格設定にも限界がある．各サイド間の取引は効率的であるとみなすので，情報の非対称性がもたらす問題や参加者間の関係性が考慮されていない．そこで，プラットフォーマは自らの利潤最大化に向けて，取引を調節し，プラットフォームを適切にデザインする必要がある．これを指摘した Boudreau and Hagiu は，プラットフォームで自らの利潤を最大化するには価格設定と異なる次元での効率的な取引を実現する機能が必要であり，プラットフォームにおけるルール決定のガバナンス機構の重要性を指摘した．特に，McAfee and Brynjolfsson[19]が iPhone を例として説明しているように，プラットフォームの質を保つには，マルウェアやサイバー犯罪，フィッシングなどの活動や質の低いコンテンツを防ぐ必要もある．これらを選別し，レビューシステムなどを構築することで良質なものを取り込むことも重要である．

また，Eisenmann, Park, and Van Alystyne[20]は，プラットフォーマのバンドリング活用による競争優位の構築を議論している．バンドリングとは，補完的な製品をセット販売したり，統合して販売したりすることであり，①隣接市場への参入と②参入障壁構築の2点を論じた．①では，近隣市場と主市場をバンドルすることで，個別販売に比べてユーザーの自由な購買行動を制限する，つまり囲い込むことが可能となり，これにより，単品販売を行うライバル企業の市場シェアを奪うことができる．②の例としては，2つの製品があるとき，セット価格を下げることによってライバル企業が参入するインセンティブを奪う方法がある．

---

[19] A. McAfee and E. Brynjolfsson[15]
[20] T. Eisenmann, G. Parker and M. Van Asltyne[6]

立本[21]は，これらの議論をふまえ，プラットフォーマのグローバル市場における競争優位について論じた．グローバル・エコシステムにおいて，オープン標準が形成される現象を両面市場やバンドリング戦略，取引ネットワークのハブの位置取りなどの点から説明した．

3.5.6　オープン・サービス・プラットフォーム

Chesbroughのオープン・イノベーションは，クローズド・イノベーションのアンチテーゼであり，この「オープン化」は社内外の知的リソースを活用し組み合わせることである．自社の資産を他社にオープンにし，それを活用させることで市場成長を促したり，一方で，社外資産をイノベーションに活用することの重要性を論じた[22]．

Chesbroughの一連の研究の中で，プラットフォーム概念は『オープン・サービス・イノベーション』[23]で登場する．Chesbroughは，IBMとの共同研究をベースとして，米国製造業がいかに転換していくべきかを，オープン・イノベーションにS-Dロジックの考えを組み込んで，具体的な事例とともに論じた．魅力的なサービスを考えるなら，プラットフォームを構築し，ワンストップショップとするのがよいとする．それぞれの得意分野に応じた外部リソースをプラットフォームに提供してもらうのである．このアウトサイド・インによるオープン・イノベーションによって，1つのプラットフォーム上で多様なサービスの提供が可能となり，範囲の経済を達成できる．さらに，プラットフォーム基盤上に他社がビジネスを積み上げていくようにすると，基盤構築の投資回収を早めることができ，インサイド・アウトのイノベーションを実現できる．

魅力的なプラットフォームを形成することで，ユーザーが増え

---

[21] 立本博文 [24]

[22] H. Chesbrough[4]

[23] H. Chesbrough[5]

る．これによって規模の経済が達成可能である．以上のように，プラットフォームへの参加者が Win-Win の関係を構築できれば，そのサービスを継続することができる．これは，サービス提供者のマーケットとそのユーザーマーケットを結びつけることにほかならない．つまり，一定の条件下でプラットフォームを 2 つの市場に対してオープンにするのである．

3.6　視点の整理

ここで，本章で取り上げた現象や概念の関係性を考察し，第 6 章で取り上げるデジタライゼーション時代のビジネス事例を見る視点を整理しておこう．

環境変化に伴って，B2B 企業は，モノ売りだけで利益を得ることが難しくなり，その結果，サービタイゼーションを志向し始めた．従来，他社任せだったアフターサービスなどの事業領域を取り込むことになる．デジタライゼーション時代において特徴的なことは，G-D ロジックから S-D ロジックへと価値に対する考え方がシフトしたことだろう．従来の「モノ」の価値から，「モノ」を使用して得られる価値（使用価値），顧客のバリューチェーン上で生み出される価値やユーザーエクスペリエンス（文脈価値）への発想の転換である．たとえば，第 4 節で紹介したコマツの事例がある．

しかしながら，コマツの場合でもコマツ単独でこれらのサービス，ソリューションを完成させたわけではない．特にスマート・コンストラクションにおいては，従来の自社に閉じたイノベーションではなく，オープン・イノベーションを通じて，外部から資源を取り入れた．たとえば，ドローンの開発を Skycatch という企業から，3 次元測量に関しては陸奥テックコンサルタントから，地盤調査については応用地質から，そして，水質調査に関しては KO-

DENから協力を得た[24]．その後，これらの知識を自社に内部化したことから，当初のスマート・コンストラクションを，コマツによる統合型ソリューションと考えることができよう．

さて，コマツのスマート・コンストラクションのようなサービス基盤をプラットフォームと呼ぶことがある．あくまで「製品」を生産するメーカーによるサービタイゼーションの一環であって，メーカーのバリューチェーン上の事業領域の拡張である．そこでは，取引相手は一定のユーザー企業であるが，サービタイゼーションによって競争領域や競争の焦点が変わってくる．

一方，両面市場のモデルは，楽天市場やAmazonなどに見るように，ユーザーとサプライヤーなど，従来はつながっていなかった複数のマーケットを結びつけ，新たな取引の場を構築するものであり，メーカーのサービタイゼーションとは異なる．

そこで，本書では，前者を「サービス基盤型モデル」と呼び，プラットフォームという言葉を両面市場モデルに限定して用いることにしたい．サービス基盤型モデルから両面プラットフォームモデルへ展開することもありうるが，それは従来の「モノ」づくりの事業環境が，どのようなものに依存するかによるだろう．

「モノ」づくりがハードウェア技術とすり合わせ技術がベースとなっている日本企業の場合，Iansiti and Levienによるプラットフォームは限定されたサプライヤーにのみオープンになる．そこで，サプライヤーシステムによるマネジメントの対象としてエコシステムも固定的になる．たとえば，上述の日本の自動車メーカーに見るように，このようなエコシステムによって質の高いQCD（品質・

---

[24] コマツがオープン・イノベーションに大きく舵を切ったきっかけは，AHS（鉱山におけるトラックの完全無人化運転システム）においてであった．アリゾナ大学からスピンオフしたMMS社はフリート管理システムを開発していた．同社を見つけてきたのは，コマツのアメリカ法人である．当初は共同で開発を行っていたが（後に資本参加），1996年，コマツは同社を買収した．MMS社の技術がAHSにおいては不可欠であり，自社に取り込もうとしたのである．それ以降，外界認識センサー，GNSS基盤，UIコントローラ，レーザ測距などベンチャー企業と連携し，2008年にAHSの開発に成功した．

コスト・納期）を達成してきたわけであるが，それをスマート・プロダクト化にしたところで，エコシステムを大きく変えることは難しいだろう．

他方，従来の事業領域を「サービス基盤型モデル」として整備し，徐々にオープン化し，それを「両面プラットフォームモデル」に展開していくといった経路が考えられよう．第4節に挙げたコマツのスマート・コンストラクションは，その後サービス基盤をオープン化し，建機などのデバイスの提供者，そのユーザー，およびユーザーにサービスを提供する企業などを結びつける両面プラットフォームモデルへ拡張した[25]．このとき，重要な意味を持つのはオープン&クローズ戦略[26]である．何を誰に対してオープンにして市場を拡大し，何をクローズにして自社の利益につなげるかの戦略である．

以上の議論を，図3.2と表3.3にまとめた．まず，図3.2において，太字の①～⑤は事業領域の拡大の方法を示す．①，②は従来のバリューチェーン上での展開になるのに対して，③，④はサービタイゼーションにおける事業領域の展開を示す．①と②，および，③と④の違いは，他社を巻き込むか，自社で統合的に行うかの違いである．⑤は本書で言うところの両面プラットフォームモデルである．表3.3は，価値に対する考え方を基準にして，「サービス基盤型モデル」と「プラットフォーム」を分けて整理した．下段のオープンさは，エコシステムの性質を示している．

3.7 両面プラットフォームモデルの成長メカニズム

そもそも，なぜプラットフォームに着目するかを，サービス基盤

---

[25] 同サービス運営に向け，ドコモ，SAPジャパン，オプティムとともに新会社LANDLOGを設立した．これは，既存のビジネス・エコシステムと共存することの困難さを示しているとも解釈できよう．
[26] 小川紘一 [18]

3.7 両面プラットフォームモデルの成長メカニズム

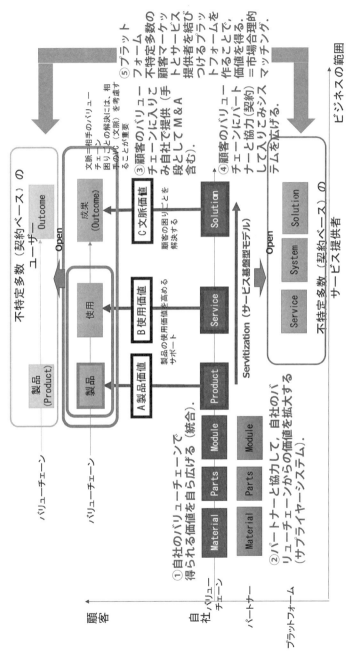

図 3.2 サービタイゼーションとプラットフォームの関係

表 3.3 価値の考え方を基準にした「サービス基盤型モデル」「プラットフォーム」の違い

	モノの価値	使用価値		文脈価値
ビジネス体系	モノ①、②	サービス③、④	ソリューション③、④	プラットフォーム⑤
価値創出の原点	製品技術(ハードウェア/ソフトウェア)	(ハードウェア+)サービス 補完財	(ハードウェア+)ソリューション 補完財	市場結合(市場の形成)によるネットワーク効果、オープン化のメリット、補完財
ビジネスモデル	モノ売り	サービス基盤型モデル モノ+サービス モノ+ソリューション		プラットフォームビジネス
収益モデル	モノの対価	アウトカムの対価 レンタル 従量課金制 レベニュー/プロフィットシェア サブスクリプション など		サプライヤーサイドからプラットフォーム使用に対する対価
ビジネス・システム	サプライチェーン/バリューチェーンのシステム	Smart and Connected 使用状況、バリューチェーン上の状況の把握(情報収集)+解析		Homing Cost インセンティブ設計 価格設定 ガバナンス など
オープン度	クローズド/セミクローズド	クローズド/セミクローズド	クローズド/セミクローズド	オープン

型モデルと比較しつつ，成長メカニズムの観点から説明する．両者の成長メカニズムには共通するものと異なるものがある．

　まず，共通するものとしては，補完財によって需要が拡大するということである．サービス基盤型モデルのモノ（製品）にしても，両面プラットフォームモデルの「プラットフォーム」にしても，補完財が存在する．補完財とは経済学でよく言われるもので，iPhone とアプリケーションのような関係である．アプリケーションの価格が下がると，iPhone の価格が下がらなくてもアプリケーションの需要が増える．モノに対するサービスもそうである．

　一方異なる点は，サービス基盤型モデルは，バリューチェーン上に事業領域を拡大することによって収益ベースを増加させていく．両面プラットフォームモデルは，ネットワーク効果を発動させること，そして，オープン化のメリットを最大化しつつ，価格設定，インセンティブの設計，プレイヤーの選別などのガバナンスにより，良質のプラットフォームを管理することが重要となる．

　両面プラットフォームモデルにおけるオープン化には，少なくとも3つのメリットがある．上述の iPhone の例をもとに説明してみよう．第1に，多様な顧客ニーズに応えることが可能になることである．Apple（プラットフォーマ）1社では十分に顧客ニーズに応えることはできない．より多様な財やサービスがプラットフォーム上にあれば，顧客は集まり，顧客が集まればアプリケーションの提供者も集まる（マーケット間のネットワーク効果）．第2に，新たな収益機会が創出される．プラットフォーマはアプリケーション開発者に iOS の使用を有料化しており，これは大きな収入源となっている．特に，基本的な製品やサービスを無料で提供し，高度な機能や追加的容量に対しては有料とする「フリーミアム」というビジネスモデルがよく見られる．無料で提供することの意味は大きい．無料のもので消費者余剰（値段が高くても買おうという意志のある人たち）の満足度を上げることができれば，有料のものも利用しみようという行動にかきたてることができる（無料と有料が混在

することで，共食いを起こすことはない)．

　最後に，プラットフォーマは取引に関するデータを入手することができる．どんなアプリケーションに対して顧客満足度が高いのか，満足度はどのように推移するのか，顧客はどのように行動するのか，アプリケーション提供者はトラブルシューティングを適切に行っているのか，などのデータである．

　早期にプラットフォームを提供し，潜在的なプラットフォーム参加者（顧客）を囲い込み，上述のような成長メカニズムを発生させることにより，市場を席捲できる可能性は高くなる．プラットフォーマに利益が集中する一方で，後発者は参入が難しくなる．

3.8　まとめ

　本章では，B2B市場におけるサービタイゼーションの進展と新たなビジネスモデルの登場，プラットフォームについて論じ，プラットフォームの視点を整理した．ここで述べた視点は，既存の議論すべてを網羅できているわけではなく，ほかにも整理のしかたがあるだろう．本書では，B2Bのデジタルイノベーションを理解するうえで「サービス基盤型モデル」と「両面プラットフォームモデル」を分けること，両者の成長メカニズムの類似点・相違点に言及した．さらにそれらのインパクトにも触れた．GAFAにみられる現象がB2B分野でも可能なのか，課題はなにか，その方法はいかなるものか，事例で検証を重ねていくことが重要である．

参考文献
[1] 青島矢一，製品アーキテクチャと製品開発知識の伝承，ビジネスレビュー，Vol.46, No.1, pp.46-60 (1998).
[2] C. Baldwin, and K. Clark, *Design Rules: The Power of Modularity*. Cambridge: MIT Press (2000).
　　［邦訳］安藤晴彦，『デザイン・ルール：モジュラー化パワー』，東洋経済

新報社 (2004).

[3] K. J. Boudreau, and A. Hagiu. *Platform Rules: Multi+sided platforms as regulators*, in A. Gawer, eds. *Platforms, Markets and Innovation*, Edward Elgar PUBLISHING (2009).

[4] H. Chesbrough, *Open Innovation; The New Imperative for Creating and Profiting from Technology*, Harvard Business School Press (2006).
[翻訳] 大前恵一朗訳『OPEN INNOVATION—ハーバード流イノベーション戦略のすべて』, 産能大出版部 (2004).

[5] H. Chesbrough, *Open Services Innovation: Rethinking Your Business to Grow and Compete in a New Era*, Jossey-Bass (2011).
[邦訳] 博報堂大学ヒューマンセンタード・オープンイノベーションラボ他監修『オープン・サービス・イノベーション 生活者視点から，成長と競争力のあるビジネスを創造する』, CCC メディアハウス (2012).

[6] T., Eisenmann, G. Parker and M. Van Asltyne, Platform Envelopment, *Strategic Management Journal*, Vol.32, 12, pp.1270-1285 (2011).

[7] 藤本隆宏『能力構築競争』, TBS ブリタニカ (2003).

[8] 藤本隆宏, 武石彰, 青島矢一編, 『ビジネス・アーキテクチャ』, 有斐閣 (2001).

[9] A. Gawer and M. A. Cusumano, *Platform Leadership*, Harvard Business School Press (2002),
[邦訳] 小林敏男訳『プラットフォーム・リーダーシップ』, 有斐閣 (2005).

[10] M. Iansiti, and R. Levien, *The Keystone Advantage: What the New Dynamics of Business Ecosystems Mean for Strategy, Innovation, and Sustainability*, Harvard Business School Press (2004).
[邦訳] 杉本幸太郎訳『キーストーン戦略』, 翔泳社 (2007).

[11] M. Iansiti and R. Levien, Strategy as Ecology, *Harvard Business Review*, March (2004).
[邦訳]『キーストーン戦略：ビジネス生態系の掟』*Diamond Harvard Business Review*, May, 2004.

[12] 伊丹敬之, 森健一『技術者のためのマネジメント入門』, 日本経済新聞社 (2006).

[13] 井上崇通, 村松潤一『サービス・ドミナント・ロジック マーケティング研究への新たな視座』, 同文舘出版 (2010).

[14] R.F. Lusch and S.L. Vargo *Service-Dominant Logic: Premises, Perspectives, Possibilities*, Cambridge University Press (2014).
[邦訳] 井上崇通監訳, 庄司真人, 田口尚史訳, 『サービス・ドミナント・ロジックの発想と応用』, 同文舘出版 (2016).

[15] A. McAfee, and E. Brynjolfsson, *Machine, Platform, Crowd: Harnessing our digital future*, W. W. Norton & Company (2017).
［邦訳］村井章子訳，『プラットフォームの経済学 機械は人と企業の未来をどう変える?』，日経 BP 社 (2018).

[16] 延岡健太郎，『マルチプロジェクト戦略——ポストリーンの製品開発マネジメント』，有斐閣 (1996).

[17] 小川紘一，『国際標準化と事業戦略』，白桃書房 (2009).

[18] 小川紘一，『オープン&クローズ戦略（増補版)』，翔泳社 (2015).

[19] R. Oliva and R. Kallenberg, Managing the transition from products to services, *International Journal of Service Industry Management* Vol.14, No.2, pp.160-172, (2003)．

[20] M. E. Porter and J. E. Heppelmann. How Smart, Connected Products Are Transforming Competition, *Harvard Business Review*, November 2014 Issue (2014).

[21] J. C. Rochet and J. Tirole, Platform competition in Two-sided markets, *Journal of the European Economic Association*, Vol.1, No.4, pp.990-1029 (2003).

[22] 高梨千賀子，モノづくり企業のプラットフォーム構築とその要件―CPSとサービス化の視点から―，『研究　技術　計画』Vol.32, No.3, pp. 316-333 (2017).

[23] 田口尚史，『サービス・ドミナント・ロジックの進展』，同文舘出版 (2017).

[24] 立本博文，『プラットフォーム企業のグローバル戦略』，有斐閣 (2017).

[25] S. L. Vargo and R. F. Lusch, Evolving to a new dominant logic for marketing, *Journal of Marketing*, Vol.68, pp.1-17 (2004).

[26] S.L. Vargo and R.F. Lusch, Service-Dominant Logic: What It Is, What It Is Not, What It Might Be. In R.F. Lush and S.L. Vargo, ed., *The Service-Dominant Logic of Marketing: Dialog, Debate, and Directions*, M. E. Shape, New York, pp.43-56 (2006).

[27] K.T. Ulrich, The Role of Product Architecture in the Manufacturing Firm, *Research Policy*, Vol.24, pp.419-440 (1995).

第4章 イノベーション・デザイン

内平 直志

　デジタル・プラットフォームは，テクノロジー・プラットフォームとビジネス・プラットフォームを整理・体系化して，統合的に見ようというアプローチである．デジタル・プラットフォームの構造的な特徴を説明し，デジタル・プラットフォームを活用したイノベーションのデザインについて論じる．

4.1　テクノロジー・プラットフォームとビジネス・プラットフォームの関係

　デジタル・イノベーションにおいて，テクノロジー・プラットフォームとビジネス・プラットフォームは不可分である．しかし，両者の本質的な違いは何であろうか？ それはS-Dロジックにおける価値共創システムのアクター（システムの提供者やシステムのユーザーを含む価値共創を行う主体）の有無であると考える．

　たとえば，Amazon Web Services (AWS) のようなクラウド・コンピューティングのICTシステムはテクノロジー・プラットフォームだが，ICTシステム自体にはアクターは存在しない．AWSの提供者とユーザー，さらにAWSのエコシステム（コンサルティングを行うパートナー制度，教育・認定制度，ユーザー・グループによるノウハウ共有の場などのICTシステム以外の人間系の仕組み）に関わるアクターを含めることでビジネス・プラットフォームとなる．すなわち，ICTシステムの開発，教育・普及，運用（利用）などのさまざまなアクターによる「価値共創システム」がビジネス・プラットフォームである．

さらに，第2章で示したように，テクノロジー・プラットフォームは，クラウド・コンピューティングのような「実行基盤」だけでなく，その「開発支援基盤」と「運用支援基盤」を含むことを忘れてはならない．開発や運用（利用）の各段階でも人間系を支援するテクノロジー・プラットフォームが存在し，テクノロジー・プラットフォームとビジネス・プラットフォームの一体化が進みつつある．

そして，最終的にテクノロジー・プラットフォームをビジネスで活用する場合は，ビジネス・プラットフォームとして提供される必要がある．セールスフォース・ドットコムや楽天市場は，強力なテクノロジー・プラットフォームに支えられたビジネス・プラットフォームであると言える．

第3章において定義したように，ビジネスモデルは「収益モデル」と「ビジネス・システム」から構成される[1]．「収益モデル」はいかに稼ぐか，その方法を示すものであり，「ビジネス・システム」は収益モデルを実現するためのさまざまなシステムを指す．プラットフォームとは，本来の定義によると「他プレイヤー（企業，消費者など）が提供する製品・サービス・情報と一体になって，初めて価値を持つ製品・サービス」である[2]．よって，ビジネス・プラットフォームは，それ自体プラットフォームユーザーを顧客とするプラットフォーマのビジネス・システムでもあるが，多くの場合，他のビジネスモデルにおけるビジネス・システムの一部として位置づけられる．ビジネス・システムとテクノロジー・プラットフォーム，ビジネス・プラットフォームの関係を図4.1に示す．

ビジネス・システムによっては，ビジネス・プラットフォームあるいはテクノロジー・プラットフォームを活用せず，すべて自前で構築するケースもあるかもしれないが．グローバルで熾烈な競争・協調環境でのデジタル・イノベーションを成功させるには，デジタル・プラットフォームの活用による進化のスピードと変化への柔軟な対応は不可欠であろう．たとえば，つながる工場で実現される製

4.1 テクノロジー・プラットフォームとビジネス・プラットフォームの関係

ビジネスモデル＝収益モデル＋<u>ビジネス・システム</u>

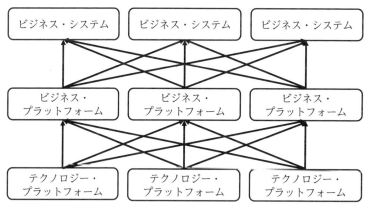

図 4.1 テクノロジー・プラットフォームとビジネス・プラットフォームの関係

品・サービスの開発・製造・流通のバリューチェーンにおいても，デジタル・プラットフォームの活用なしにはビジネス・システムのアジャイルな実現が難しい時代になっている．

ここで，単純化したビル設備一括管理サービスの例を用いて，テクノロジー・プラットフォームとビジネス・プラットフォームを説明してみよう（図 4.2）．このサービスでは，空調，照明，昇降機などのビルの各設備に埋め込まれたセンサーからデータを一元的に収集，分析，管理する．ビル設備一括管理サービスは，さまざまなビルに適用できる共通サービスであり，ビジネス・プラットフォームである．ビジネス・プラットフォームの中で，3つのレイヤーのテクノロジー・プラットフォーム（データ収集-蓄積-可視化，データ分析-検出-予測，オペレーションの最適化）を PaaS (Platform as a Service) として活用する．この場合，利用可能な PaaS として GE 社の Predix などがある（詳細は第 6 章を参照）．

このビジネス・プラットフォームとしてのビル設備一括管理サービスを活用して，ビジネスを行うのは，ビルのオーナーである．顧客であるビルのテナントに対して，設備故障のない高い居住品質を

第 4 章　イノベーション・デザイン

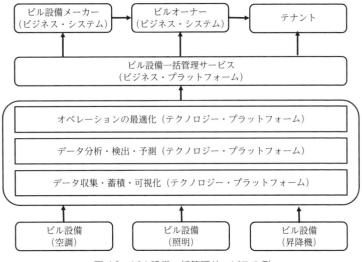

図 4.2　ビル設備一括管理サービスの例

提供し，また省エネなどを最適設備運用のアドバイスを価値として提供する（ビルのオーナーとテナントの価値共創）．この場合のビジネス・プラットフォームは，第 3 章で示したサービス基盤型モデル（バリューチェーンの拡張）となる．

　一方，ビル設備一括管理サービス企業が，サービス基盤の提供だけでなく，ビルオーナーの管理業務を代行し，ビルオーナーだけでなく，テナントやビル設備メーカーに直接情報を提供して対価を得る場合，ビルのオーナーとテナントとビル設備メーカーの両面市場となり，このビジネス・プラットフォームは両面プラットフォーム・モデル（Two-Sided/Multi-Sided Market の要素を持つ）になる．

　このように，ビジネス・システムおよびテクノロジー・プラットフォーム，ビジネス・プラットフォームは，ビジネス・エコシステムの中で一体化し相互に複雑に関連している．このような状況で，従来型のテクノロジー・プラットフォームおよびそれを活用した ICT システムという部分的な設計では，デジタル・プラットフォームを活用したイノベーションを俯瞰的に検討することができな

い.

そこで,「収益モデル」や「ビジネス・システム」を含むデジタル・イノベーション全体をデザインするという視点が必要になってくる.

4.2 デジタル・イノベーションのデザイン[1][3]

4.2.1 イノベーション・デザインとは

デジタル・イノベーションは,産業界にとって大きな機会だが,同時に多くの困難が存在する.特に,IoTの活用は中堅・中小企業にとって,新しい価値を生み出し,成長する大きなチャンスであると言われているが,現実にはその実現は容易ではない.そこで,限られたICTの専門家だけでなく,中堅・中小企業および非ICT企業でもデジタル・イノベーションを実現する工学的な設計手法が望まれる.これを「イノベーション・デザイン」と呼ぶことにする.

すなわち,イノベーション・デザインとは,イノベーティブな製品・サービスを生み出し,それを市場で持続・発展させるビジネスモデル(収益モデル + ビジネス・システム)を設計することである.また,工学的な設計手法とは,設計に必要な視点,チャート(テンプレート),手順を提供し,個人の能力や暗黙的なスキルに過度に依存することなく設計を可能にし,設計した結果を関係者で共通に理解できるようにする手法である(図4.3).

従来から,ソフトウェア設計,システム設計,サービス設計では,多くの工学的な手法が提案されてきた.オブジェクト指向分析・設計法やその統一モデリング言語(UML:Unified Modeling Language)はその典型であり,幅広く活用されている.第2章で説明したさまざまなソフトウェア技術も工学的な手法である.また,ビジネスモデル・キャンバスに代表されるビジネスモデルの

---

[1] 本節は,[3](内平 2018)の一部を加筆・編集したものである.

第 4 章　イノベーション・デザイン

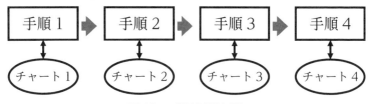

図 4.3　工学的な設計手法

設計手法もいろいろと提案されている．しかし，テクノロジーからビジネスまでを俯瞰する「イノベーション・デザイン」に関する研究や手法は少ない．特に，デジタル・イノベーション・デザインでは，ビジネス・エコシステムの中でテクノロジー・プラットフォームとビジネス・プラットフォームをどのように組み込むかがポイントになる．

　イノベーション・デザインには，コンセプト創造，システム構築，価値実現/収益化の 3 つのフェーズがある（図 4.4）．これらを「ネタづくり」「モノづくり」「カチづくり」と呼ぶこともできる．従来の新製品・サービスの事業化においては，マーケティング・商品企画，設計・開発，販売・運用は，別々の組織で担当し，組織間で仕事を引き継げばよかった．しかし，デジタル・イノベーションのための製品・サービスの事業化では，マーケティング・商品企画，設計・開発，販売・運用を，同じ組織で同時並行に試行錯誤を繰り返しながらアジャイルに実行する必要がある．近年，システム構築と運用を一体化する「DevOps」に，ビジネス化も一体化して考える「BizDevOps」の重要性が提唱されているが，イノベーション・デザイン手法は，まさに「BizDevOps」を行う企業・組織のための手法である．

4.2.2　デジタル・イノベーション・デザインの 4 つの視点
　デジタル・イノベーションを起こす企業には，デジタル・プラットフォームを提供する側（プラットフォーマ）とデジタル・プラットフォームを利用する側がある．多層化したビジネス・エコシス

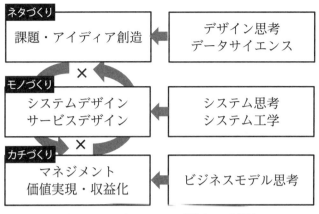

図 4.4　イノベーション・デザインの 3 要素

テムにおいては 1 つの企業がプラットフォームの利用者であり提供者である場合も少なくないだろう．それでは，デジタル・プラットフォームを提供・利用することで，どのようにイノベーションを起こしていくのだろうか？　デジタル・イノベーション・デザインには，価値設計，システム設計，戦略設計，プロジェクト設計の 4 つの視点がある（表 4.1）．ここで，価値設計はネタづくり，システム設計はモノづくり，戦略設計はカチづくりに対応する．プロジェクト設計は，価値設計，システム設計，戦略設計で作られた「設計図」を，どのように実装するかのプロジェクトの設計である．

各視点からのデジタル・イノベーション・デザインのポイントを説明する．

【視点 1】　価値設計：ビジネスモデルにおける顧客と提案価値の
　　　　　　　　　　明確化

デジタル・イノベーションのビジネス・システムを考案し，概念実証 (PoC：Proof of Concept) や実証実験まで行うものの，実際の事業化に至らないケースが少なくない．そのような場合，IoT や人工知能の導入自体が目的化してしまっていないだろうか．まずはビジネスモデルにおいて，誰にどのような価値を提供したいのかを明確にし，その提案価値が顧客の真のニーズにフィットしているの

第 4 章 イノベーション・デザイン

表 4.1 デジタル・イノベーション・デザインの 4 つの視点

4 つの視点	説明	ツール例
価値設計 (ネタづくり)	ビジネスモデルにおける顧客と提案価値の明確化	発想支援手法 (KJ 法など), ビジネスモデル・キャンバス, バリュープロポジション・キャンバス
システム設計 (モノづくり)	ビジネス・システムの基本アーキテクチャの設計, 特に IoT で収集できるデータと提案価値の関係の明確化	ユースケース, SCAI グラフ
戦略設計 (カチづくり)	収益モデルの設計, 特にビジネス・エコシステムにおけるオープン&クローズ戦略の設計	オープン&クローズ・キャンバス
プロジェクト設計 (ネタ・モノ・カチづくり)	ビジネスモデルを実装するプロジェクトの設計, 特に, デジタル・イノベーションに特有のリスクマネジメント	困難マップ, プロジェクト FMEA

かを確認することが重要である.

【視点 2】 システム設計：データと提案価値の関係の明確化

デジタル・イノベーションのビジネス・システムの基本アーキテクチャ設計で，最も重要な点は，視点 1 で抽出した提案価値と IoT で収集できるデータとの関係（構造）の明確化である．センサーあるいは人間からどのようなデータを収集し，どのようにデータから情報，情報から知識，知識から価値を導くのかを明らかにする必要がある．この関係を明確にする過程で，提案価値を実現する基本アーキテクチャが明らかになる．また，データから価値への変換にはいくつかのパターンがある．このパターンを用いることで，提案価値の洗練化および新たな提案価値の発想も可能になる．デジタル・イノベーションの成功の秘訣の 1 つに，データを収集し活用するテクノロジー・プラットフォームの多目的な利用がある．つまり，単一の目的だけでは IoT への投資対効果が十分でない場合で

も，多目的での利用により投資対効果のギャップを埋めることができる．多目的利用には，パターンによる強制発想で新しい提案価値の創造することが有効である．併行して，その提案価値の実現に必要となる IoT 以外のビジネス・システム（業務プロセスや組織の構造など）についても検討する必要がある．

【視点 3】　戦略設計：オープン＆クローズ戦略の設計

　視点 2 で設計したビジネス・システムで，どのように収益をあげるかを示すのが収益モデルである．しかし，グローバルな競争・協調環境で実装されるデジタル・イノベーションでは，単純な収益モデルの設計では不十分であり，競争戦略と協調戦略が不可欠であろう．そのビジネス・システムが，競合するビジネス・システムに比べていかに優位性を維持するか（競争戦略）を検討しなければならない．同時に，ビジネス・エコシステムにおいて，他のリソースをいかに活用するか（協調戦略）も必要である．ビジネス・エコシステムにおいて，競争戦略と協調戦略を同時に検討する手法が第 3 章でも説明した「オープン＆クローズ戦略」[4] である．従来，日本企業はすべてを自社や系列企業とのすり合わせで行う垂直統合を強みの源泉としてきたが，IoT 時代に他社を圧倒するスピードを実現するには，垂直統合では限界がある．テクノロジー・プラットフォームやビジネス・プラットフォームを含むビジネス・エコシステムを考慮した戦略設計として，オープン＆クローズ戦略が不可欠である．

【視点 4】　プロジェクト設計：デジタル・イノベーションに特有の
　　　　　　　　　　　　　　　　　リスクマネジメント

　製品・サービスの企画書を作成し，それが承認され，予算がついても，実行する段階になるとさまざまな困難が立ちはだかる．たとえば，収益性・投資対効果が十分説明できない場合は，どうすべきか？　プロジェクト実施段階で想定される困難を事前に列挙し，関係者間で共有し，困難を解消する対策をあらかじめ検討しておくリスクマネジメントは，プロジェクト成功の肝である．デジタル・イ

第 4 章 イノベーション・デザイン

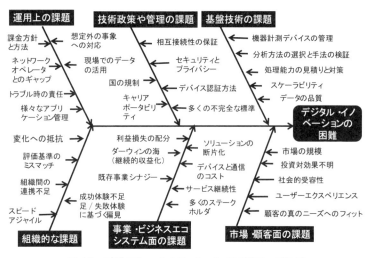

図 4.5　デジタル・イノベーションの困難マップの例

ノベーション・デザインにおいても，特有のリスクをあらかじめ洗い出して対策する作業は極めて重要である．図 4.5 にデジタル・イノベーションで想定される困難のマップの例を示す[3]．実際，リスクの認識が甘い場合やリスクを関係者間で共有化できていないことがプロジェクトの失敗につながることが多い．

4.2.3　デジタル・イノベーション・デザインの手順

前述の 4 つの視点を体系的に組み込んだイノベーション・デザイン手法の具体例を紹介する．イノベーション・デザイン手法は，4 つの視点を記述するチャートと手順から構成される．手順に従ってチャートを作成することで，イノベーション・デザインを行うことができる．もちろん，イノベーション・デザイン手法を用いることで，必ず良いデザインができるというわけではない．手法はあくまでも道具でしかない．道具を活用するのは人間である．しかし，共通の理解を促進する手順とチャートを用いることで，デジタル・イノベーションの「機会」と「困難」を見える化し，多くの関係者間で共通認識を持ち，適切な議論・判断を行うことにより，成功確

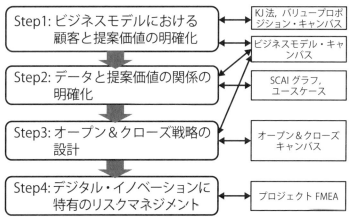

図 4.6　デジタル・イノベーション・デザイン手法

率を高めることができる．

　ここで紹介するデジタル・イノベーション・デザイン手法は，ビジネスモデル・キャンバス[5]を起点にして，4つのステップで構成される（図 4.6）．なお，ここで示す手法はあくまでも一例であり，製品やサービスの特性に合わせて最適なツールを選択し手法をカスタマイズすることが重要である．

Step1：ビジネスモデルにおける提案価値の明確化

　新しいビジネスモデル（収益モデル＋ビジネス・システム）を検討する際，まずは市場や顧客の顕在的・潜在的な課題やニーズを整理し，ビジネスモデルの基本コンセプトを創造する必要がある．そこでは，KJ 法などの発想支援手法を用いる．次に，ビジネスモデル・キャンバス（図 4.7）を用いて，顧客は誰で，顧客に提案する価値は何であるかを明確にする．ビジネスモデル・キャンバスでは，9 個の記述欄があるが，「顧客セグメント (CS)」と「提案価値 (VP)」で，誰（顧客）にどんな価値を提供するかを明確にする．「チャネル (CH)」と「顧客との関係 (CR)」で，顧客とのコミュニケーションをどのように行うかを記述する．「主なリソース

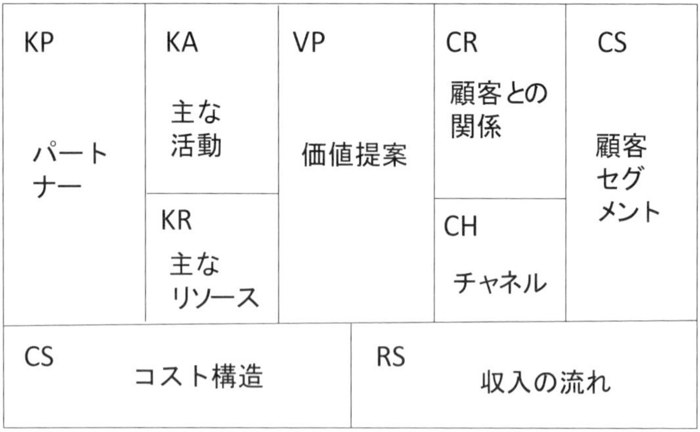

KP パートナー	KA 主な活動	VP 価値提案	CR 顧客との関係	CS 顧客セグメント
	KR 主なリソース		CH チャネル	

| CS コスト構造 | | | RS 収入の流れ | |

図 4.7　ビジネスモデル・キャンバス

(KR)」「主な活動 (KA)」「主なパートナー (KP)」で，価値提案のために既存の経営資源をどのように生かし足りない経営資源をどのように調達するかを示し，「収入の流れ (RS)」と「コスト構造 (CS)」で収益モデルを明らかにする．

このステップでは，特に「顧客セグメント (CS)」と「提案価値 (VP)」の明確化が重要となる．そこに焦点を当てた補完的なチャートとして，バリュープロポジション・キャンバス[6]がある．バリュープロポジション・キャンバスでは，顧客を理解する「顧客プロフィール」と顧客のためにどのような価値を創造するかを描く「バリューマップ」から構成される．顧客の要望（ゲイン）と課題（ペイン）に対して，提案価値がフィットしているかを確認し，提案価値の洗練化を行う．

Step2：データと提案価値の関係の明確化

Step1 のビジネスモデル・キャンバスで抽出された提案価値に対して，IoT を活用してセンサーデータから提案価値をどのように生み出すのかを，ユースケースや SCAI グラフ[7]を用いて整理する（図 4.8）．SCAI グラフは，4 つの階層から構成され，各階層の

4.2 デジタル・イノベーションのデザイン

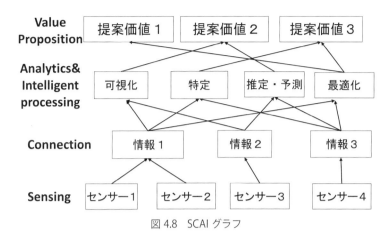

図 4.8 SCAI グラフ

「Sensing」「Connection」「Analytics & Intelligent processing」の頭文字をとってSCAI グラフと呼んでいる．この，「Sensing」「Connection」「Analytics & Intelligent processing」の実装は，近年，さまざまなテクノロジー・プラットフォームが提供されており，それらを利用することで容易に構築可能になってきている．

- Sensing：センサーで生データを収集する．
- Connection：収集された生データを統合して情報にする．
- Analytics & Intelligent Processing：情報に対して分析・知的処理を行い，提案価値を生み出す．
- Value Proposition：ビジネスモデル・キャンバスで抽出された提案価値

SCAI グラフでは，データを活用して提案価値を生み出す分析・知的処理を4つの機能（可視化，検索による特定，モデルによる推定・予測，最適化）に分ける（表 4.2）．ここで，ビッグデータや人工知能のブームの中で，IoT 活用で集まる膨大なデータを用いた統計分析手法あるいは機械学習によるモデル構築を行い，推定・予測を行うことで得られる「分析価値」に注目しがちである．しかし，IoT で網羅的に個体を把握することで，高度な分析を行わなくても生み出すことができる「特定価値」も有益なことが多い．遠隔

表 4.2 分析・知的処理のパターン

処理タイプ	説明
可視化 (特定価値)	膨大なデータを人間が認識しやすい形で可視化する．可視化された情報を用いて判断するのは人間である．
監視・検索による特定 (特定価値)	膨大なデータからある条件を満たすものを自動的に抽出・特定する．
モデルによる推定・予測 (分析価値)	膨大なデータから統計的手法や機械学習手法によりモデルを構築し，モデルに基づき状態を推定・予測する．
最適化 (分析 × 特定価値)	「監視・検索による特定」および「モデルによる推定・予測」により得られた情報から，最適化手法等で最適な計画・判断を導出する．

保守サービスの例で説明すると，過去の機器の故障を含むセンサーデータの分析から，故障予測を行うのが「分析価値」であり，機器の位置情報から盗難を検知するのが「特定価値」である．SCAI グラフを描きながら分析・知的処理を 4 つの機能に注目することで，IoT を活用した新しい提案価値に気づくことができる．

Step3：オープン&クローズ戦略の設計

　グローバルで熾烈な競争・協調環境では，自社の強い経営リソース（技術，デザイン，ノウハウ，人材，ブランド，商流など）をコアにしつつ，外部リソースを活用したオープンイノベーションによるスピードアップが不可欠である．ビジネスモデルキャンパスにおいては，外部のリソースの活用を「パートナー (KP)」の欄に記述するが，ビジネス・エコシステムにおいて，パートナーはいくつかのタイプに分類できる．第 3 章で説明したオープン・クローズ戦略を考えるときに，自社のコアリソースが何かを確認するとともに，活用したい外部リソースを表 4.3 に示す 3 つに分類し，それを明示的に記述するチャートが「オープン&クローズ・キャンバス」[3] である（図 4.9）．

　従来のオープンイノベーションでは，自社が取り込む外部知識リ

表 4.3 オープン&クローズ戦略のリソース分類

リソースの種類	説明
内部コアリソース	技術,デザイン,ノウハウ,人材,ブランド,商流など自社の強い経営リソース.オープン&クローズ戦略では,コアリソースは特許や意匠登録などで守りつつ,外部のリソースを活用したオープンイノベーションのために周辺の標準化,パッケージ・モジュール化,クラウドサービス化,フルターンキー化を進める.
外部知識リソース	コアリソースを強化するための知識(技術,ノウハウ,人材等)をM&Aや採用等でコアに取り込む.ここでは,最先端の技術の目利きができるリサーチ機能が必要となる.ボーダーレス化で,知識リソースを世界中から取り込むことが可能になった.
外部調達リソース	コアリソースを活用した製品・サービスを実現するために設計や製造の受託サービスなどの外部リソースを活用する.自社工場を持たず製造を外部委託するファブレス企業はその典型である.ここで,調達先と同等以上の知識・技術力を持つ調達エンジニアリングが重要な役割を果たす.
外部展開リソース	コアリソースを使った製品・サービスをビジネス・プラットフォーム化し,それを利用し世界に展開するパートナーを支援する.ここでは,パートナーが簡単に利用しやすくするための仕掛け(フルターンキー化など)が重要になる.

ソースや外部調達リソースが主な検討の対象だったが,近年のビジネス・エコシステムにおいては,自社のビジネス・プラットフォームを活用するパートナー(外部展開リソース)の活用がより重要になっている.

ここで,自社を取り巻くエコシステムとして3つの外部リソースを想定することは難しくない.しかし,外部リソース側にとっても,そのエコシステムに参加する価値がなければならず,自社だけにつごうのよいエコシステムは成立しない.その設計がオープン&クローズ戦略の肝となる.

ここまでのステップで,「ビジネスモデル・キャンバス」「SCAI

第 4 章 イノベーション・デザイン

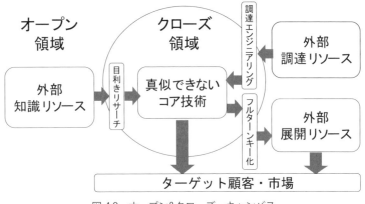

図 4.9　オープン&クローズ・キャンバス

グラフ」「オープン&クローズ・キャンバス」を記述するが，「SCAIグラフ」と「オープン&クローズ・キャンバス」を描く段階で気づいた新しい要素は，オリジナルのビジネスモデル・キャンバスに反映させる．

Step4：デジタル・イノベーションに特有のリスクマネジメント

　Step3 までで，デジタル・イノベーションのビジネス・システムが明確になっても，その実装には多くの困難が想定される．Step4 では，まず，現在の姿 (As-Is) からありたい姿 (To-Be) への実装シナリオを検討する．そして，デジタル・イノベーションの困難マップの視点から，実装シナリオを遂行するプロジェクトにおけるリスクを洗い出し，関係者で共有する．具体的には，困難マップ (図 4.5) を用いて，提案サービスで想定される困難を「故障モード」として強制発想で抽出し，そのリスクと対策を FMEA (Failure Mode and Effect Analysis) 形式で整理する．FMEA は，製品設計時の製品リスクの洗い出しに幅広く活用されているが，ここではプロジェクトのリスクの洗い出しに，プロジェクト FMEA を採用する（図 4.10）．

　ここまでに説明した，デジタル・イノベーション・デザイン手法

4.2 デジタル・イノベーションのデザイン

困難分類	故障モード	原因	影響	対策	PRNの変化

危険優先度(RPN)=影響の厳しさ×頻度×検出可能性

図 4.10 プロジェクト FMEA

の特徴をまとめる.

1. 提案価値起点(ビジネスモデルにおける提案価値の明確化):
   IoT や人工知能の活用が目的化した技術的視点のビジネス・システムを起点とするのではなく,ビジネスモデルキャンパスを用いて,顧客と提案価値の視点からスタートする.

2. データ分析・知的処理による価値実現(データと提案価値の関係の明確化):
   SCAI グラフを用いて,デジタル・イノベーションの特徴であるデータと提案価値の関係を明確化する.データ分析・知的処理パターンにより新しい提案価値を創造する.

3. エコシステムにおける競争・協調戦略検討(オープン&クローズ戦略の設計):
   デジタル・イノベーションではビジネス・エコシステムにおける競争・協調戦略の検討が不可避であり,オープン&クローズ・キャンパスで,エコシステムの中でのオープン&クローズ戦略を設計する.

4. 困難マップを活用したリスク対策(デジタル・イノベーションに特有のリスクマネジメント):
   ビジネスモデルが明確になっても,その実装には多くの困難が

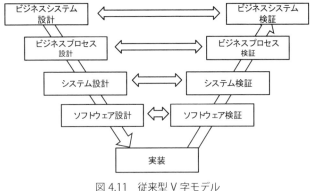

図 4.11　従来型 V 字モデル

想定される．実装シナリオを検討し，困難マップを活用したプロジェクト FMEA で起こりうるリスクを洗い出し，関係者間で共有する．

4.2.4　イノベーション・デザインを検証する

　ソフトウェアやシステムの設計においては，設計されたものの検証 (V&V: Verification & Validation) は必須である．図 4.11 の V 字モデルは，検証の典型的なフローである．近年は，ソフトウェアやシステムの検証から，より上位段階のビジネスプロセスやビジネスモデル設計まで遡って検証する手法が提案されている．イノベーション・デザインもデザインの正しさと妥当性について検証することが求められる．

　しかし，従来のウォーターフォール型の設計を前提とした V 字モデルの検証では，外部環境の変化に対してアジャイルに進化することが求められるデジタル・イノベーション・デザインの検証が，難しい場合も多い．外部環境，仕様（ゴール），実装（システム）が変化するシステムの高信頼化モデルとして，ダイナミック Y 字モデル[8]がある（図 4.12）．ダイナミック Y 字モデルでは，外部環境，仕様，実装間のギャップをモニタリングし，検出・分析し，ギャップの除去・最小化を行うことで信頼性が維持される．ギャッ

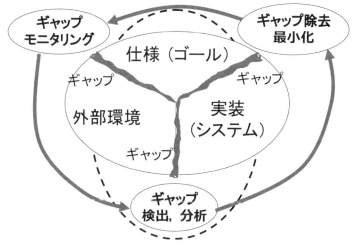

図 4.12 ダイナミック Y 字モデル

プの検出・分析が「検証」に対応し，具体的な手法としては，オープンシステムディペンダビリティのために開発された D-Case[9] などがある．

デジタル・イノベーション・デザインの検証にも，ダイナミック Y 字モデルが有効であると考える．ここで，外部環境（市場や競争・協調環境），仕様（収益モデル），実装（ビジネス・システム）の間で生まれるギャップをマネジメントし，ゴールを達成する手法が必要になる．デジタル・イノベーション・デザインの検証手法は，まだまだ研究段階ではあるが，D-Case のビジネスモデル（収益モデル＋ビジネス・システム）記述への拡張は有望なアプローチの 1 つであろう．

4.2.5　まとめと展望

デジタル・イノベーションにおいて，ビジネス・システムを構成するテクノロジー・プラットフォームとビジネス・プラットフォームは，不可分で，相互に複雑に関係していることを述べた．また，その両方を俯瞰的に取り込み，ビジネスモデル全体を設計するイ

ノベーション・デザインの必要性を述べた．今後，マカフィーとブリニョルフソンが「プラットフォームの経済学」[10] で指摘するように，機械学習を含む人工知能などの技術進化により，テクノロジー・プラットフォームがより知的になり，価値共創システムのアクターとしての人間が計算機システムに置き換わるようになると，テクノロジー・プラットフォームとビジネス・プラットフォームの境界はますますあいまいになり，デジタル・プラットフォームとしての一体化が加速していくであろう．

参考文献

[1] 伊丹敬之,『経営戦略の論理（第 3 版）』, 日本経済新聞社 (2003).
[2] 根来龍之,『プラットフォームの教科書 超速成長ネットワーク効果の基本と応用』, 日経 BP 社 (2017).
[3] 内平直志, IoT 時代のイノベーション・デザイン,『研究 技術 計画』, Vol.33, No.4, pp.334-344 (2018).
[4] 小川紘一,『オープン＆クローズ戦略（増補版）』, 翔泳社 (2015)
[5] A. Osterwalder, Y. Pigneur, *Business Model Generation: A Handbook for Visionaries, Game Changes, and Challengeers*, Wiley 2010.
［翻訳］小山龍介,『ビジネスモデル・ジェネレーション ビジネスモデル設計書』, 翔泳社 (2012).
[6] A. Osterwalder, Y. Pigneur, G. Bernarda, A. Smith, Value Proposition Design: *How to Create Products and Services Customers Want*, Wiley (2014).
［翻訳］関美和,『バリュー・プロポジション・デザイン 顧客が欲しがる製品やサービスを創る』, 翔泳社 (2015).
[7] 内平直志,『戦略的 IoT マネジメント』, ミネルヴァ書房 (2019).
[8] 内平直志, 製品ライフサイクル高信頼化―仕様と実装と環境のギャップをライフサイクルで管理する技術, 東芝レビュー Vol.64, No.8, pp.2-7 (2009).
[9] 所眞理雄（編著）,『DEOS 変化しつづけるシステムのためのディペンダビリティ工学』, 近代科学社 (2014).
[10] A. McAfee, E. Brynjolfsson, Machine, Platform,Crowd: *Harnessing Our Digital Future*, W W Norton & Co Inc. 2017.
［翻訳］村井章子,『プラットフォームの経済学 機械は人と企業の未来をどう変える？』, 日経 BP 社 (2018).

第5章 各国の動き
—IoT 推進の「場」—

野中 洋一　　福本 勲　　山本 宏　　高梨 千賀子

　企業を取り巻く外部環境動向を紹介する．米国，欧州，中国，日本の各国が，CPS を中心とした製造業デジタル・イノベーション推進に関して展開している産業政策を見ていく．

5.1　ドイツの動き[1]

5.1.1　Industrie 4.0 登場の背景

　ドイツが抱える多くの社会課題[2]のいくつかを示そう．少子高齢化による労働人口減少[3],[4]，エネルギーをはじめとする資源供給問題，ドイツの GDP の約4割を占める機械輸送機器や化学製品などに代表されるような輸出依存の産業構造，東欧や中国・アジアなどへの産業移転，グローバル化による絶え間ない市場変化，新興国の技術力高度化，先進国としてのアドバンテージを維持する社会ルー

---

[1] 野中洋一，岩本晃一，角本喜紀，COVER STORY:TRENDS IoT を基盤に進むモノづくり革新 データの見える化と活用，共生の思想が製造業を変える，Value Chain Innovation デジタル技術が価値をつなぐスマートインダストリー，『日立評論』Vol.99, No.6,（2017），
(http://www.hitachihyoron.com/jp/archive/2010s/2017/06/trends/index.html)

[2] 永野博，「ものづくりと ICT の新たな結合 Industrie 4.0 のチャレンジ 狙い，課題，インパクト」，情報処理学会連続セミナー 2015 第2回，（2015年7月2日）

[3] 野中洋一，欧州のつながる工場動向〜Industrie 4.0 の動向と将来，日本機械学会誌 Vol.120, 2017年4月

[4] GLOBAL TRENDS 2030: ALTERNATIVE WORLDS, National Intelligence Council,（2012年12月），
(https://globaltrends2030.files.wordpress.com/2012/11/global-trends-2030-november2012.pdf)

ル作りの必要性などがある．

　これらの課題に対して，2006 年に科学技術イノベーション基本計画「ハイテク戦略」を策定し，また 2010 年に更新して「ハイテク戦略 2020」とした．この計画では，連邦教育研究省 (BMBF) と連邦経済エネルギー省 (BMWi) が主管省庁となり，経済成長と雇用の確保を目指し，対処すべき社会課題を 5 つ定義している．そして課題解決に向けて策定した 11 の未来プロジェクトの 1 つが，ドイツ経済科学研究連盟による Industrie 4.0 である．

　ドイツ経済科学研究連盟はドイツ工学アカデミー (Acatech) と合同作業部会を開き，その成果として 2012 年 10 月に "Implementation of recommendations for the future project Industrie 4.0" と題する報告書を作成した．これを受けて，ドイツ産業界の 6,000 社以上の企業が参加する VDMA（ドイツ機械工業連盟）や BITKOM（ドイツ IT・通信・ニューメディア産業連合会）ならびに ZVEI（ドイツ電気・電子工業連盟）が，各団体の枠を越えた協業関係を構築した．2013 年 4 月には，3 団体を事務局とする推進組織 Plattform Industrie 4.0 が発足する．2015 年 4 月に改組されて，ドイツ経済エネルギー大臣と教育研究大臣をトップに迎え，企業や組合，科学や政治などの関連団体を加えた．

　未来プロジェクト Industrie 4.0 の検討を進めたドイツ経済科学研究連盟は，メルケル政権で設置された連邦教育研究大臣の諮問機関である．「ハイテク戦略」および「ハイテク戦略 2020」への助言や，政策の評価に関わり，科学技術政策に重要な役割を果たしてきた．また，Industrie 4.0 の概念を提唱した Acatech は，2002 年に発足した非営利組織で，経済界や科学団体の会員で構成される．ドイツの科学技術に関する政策立案の支援や関連技術の評価，および将来の社会課題に対する提言，科学と経済の交流の場の提供，工学人材の育成支援などを行ってきた[5]．Industrie 4.0 に関しては，基

---

[5] Acatech, http://www.acatech.de/

本概念の発信，暮らしへの影響に関する提言，各国のベンチマークなど，多数の報告書を公表している[6]．

5.1.2　Industrie 4.0 推進体制と進捗状況

Industrie 4.0 推進の主要な組織は，Plattform Industrie 4.0 である．ドイツでの第 4 次産業革命を目指して，現実的な標準勧告を産官学の関係団体や代表的な企業に示すことで，市場競争の前段階での協業とネットワーク化を押し進めることを目的に発足した[7]．また，製造業の動向と Industrie 4.0 実現に向けて解決すべき産業界の課題を把握し，Industrie 4.0 の俯瞰的な理解を促進する役割を果たしている．Plattform Industrie 4.0 は，市場での活動は行わないが，研究プロジェクト，企業先導プロジェクト，標準化活動など，市場活動の前準備や支援に関わっている．

Plattform Industrie 4.0 では，商工会，労働組合，科学の専門家が，連邦省庁の代表とともに，テーマ別ワーキンググループ (WG) で運用ソリューションを検討している．WG は，リファレンス・アーキテクチャ，標準化，規範，技術と適用シナリオ，ネットワーク・セキュリティ，法的な枠組み，仕事，教育，訓練などの技術的かつ実践的な専門知識が必要な作業単位に分かれて活動している（図 5.1）．

リファレンス・アーキテクチャ，標準化，規範の各 WG では，高度にデジタル化された産業エコシステム構築を目的として，標準化に力を入れている．中でも，リファレンス・アーキテクチャ WG は，Reference Architecture Model Industrie 4.0 (RAMI4.0) を，2015 年に公表した．RAMI4.0 の階層ごとに分業を進めつつ全体が協力する産業エコシステムの成立を推進し，また，デジタル製

---

[6] WORK AND RESULTS (http://www.acatech.de/uk/home-uk/work-and-results.html)

[7] The background to Plattform Industrie 4.0 (http://www.plattform-i40.de/I40/Navigation/EN/ThePlatform/PlattformIndustrie40/plattform-industrie-40.html)

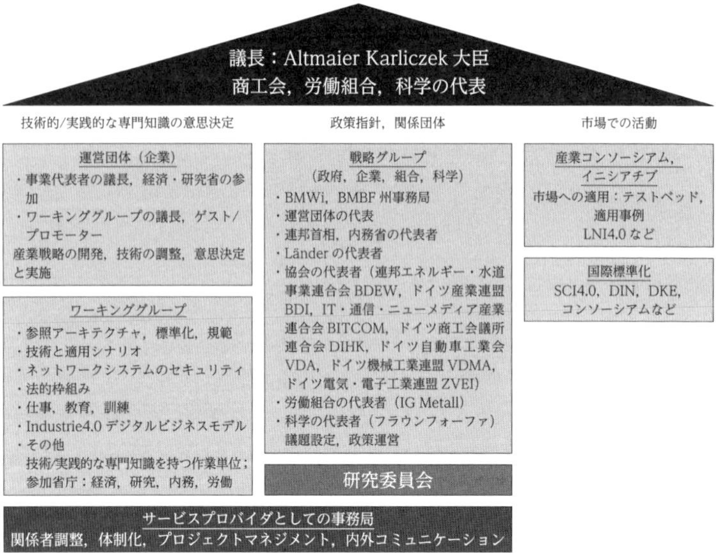

第 5 章　各国の動き—IoT 推進の「場」—

```
                    議長：Altmaier Karliczek 大臣
                    商工会，労働組合，科学の代表

技術的/実践的な専門知識の意思決定    政策指針，関係団体              市場での活動

┌─────────────────────┐  ┌─────────────────────┐  ┌─────────────────────┐
│ 運営団体（企業）         │  │ 戦略グループ            │  │ 産業コンソーシアム，     │
│・事業代表者の議長，経済・研  │  │（政府，企業，組合，科学）  │  │ イニシアチブ           │
│ 究省の参加              │  │・BMWi，BMBF 州事務局     │  │ 市場への適用：テストベッド， │
│・ワーキンググループの議長，  │  │・運営団体の代表         │  │ 適用事例             │
│ ゲスト/プロモーター        │  │・連邦首相，内務省の代表者  │  │ LNI4.0 など          │
│ 産業戦略の開発，技術の調整， │  │・Länder の代表者        │  └─────────────────────┘
│ 意思決定と実施           │  │・協会の代表者（連邦エネル  │  ┌─────────────────────┐
└─────────────────────┘  │ ギー・水道事業業連合会     │  │ 国際標準化            │
┌─────────────────────┐  │ BDEW，ドイツ産業連盟      │  │ SCI4.0，DIN，DKE，    │
│ ワーキンググループ        │  │ BDI，IT・通信・ニューメ   │  │ コンソーシアムなど      │
│・参照アーキテクチャ，標準化， │  │ ディア産業連合会 BITCOM， │  └─────────────────────┘
│ 規範                   │  │ ドイツ商工会議所連合会     │
│・技術と適用シナリオ       │  │ DIHK，ドイツ自動車工業会   │
│・ネットワークシステムのセ   │  │ VDA，ドイツ機械工業連盟   │
│ キュリティ              │  │ VDMA，ドイツ電気・電子工業 │
│・法的枠組み             │  │ 連盟 ZVEI）             │
│・仕事，教育，訓練        │  │・労働組合の代表者（IG Metall）│
│・Industrie4.0 デジタルビ   │  │・科学の代表者（フラウン    │
│ ジネスモデル            │  │ フォーファ）             │
│・その他                 │  │ 議題設定，政策運営        │
│ 技術/実践的な専門知識を持つ ├──┴─────────────────────┤
│ 作業単位；              │         研究委員会
│ 参加省庁：経済，研究，内務， │
│ 労働                   │
└─────────────────────┘
┌──────────────────────────────────────────────┐
│ サービスプロバイダとしての事務局                        │
│ 関係者調整，体制化，プロジェクトマネジメント，内外コミュニケーション │
└──────────────────────────────────────────────┘
```

出典：Structure of the platform, Federal Ministry for Economic Affairs and Energy (BMWi)[8] を元に日本語化

図 5.1　Plattform Industrie 4.0 体制（2018 年 4 月現在）

造プロセスの適用事例（ユースケース）を作成する．このほか，標準化 WG は，既存の標準規定間の重複や抜けを分析し，標準文書の修正や新たに作成する標準の内容を整理している．

　Plattform Industrie 4.0 は，広報の機能を持ち，Industrie 4.0 が実用化されている場所を示した地図をホームページで公開している．どこで，誰が，どのような内容を実用化したかを，ユースケースを通して示すことで，Industrie 4.0 の普及を図っている[9]．

---

[8] Structure of the platform, Federal Ministry for Economic Affairs and Energy (BMWi)
 (http://www.plattform-i40.de/I40/Navigation/EN/ThePlatform/PlattformIndustrie40/plattform-industrie-40.html)

[9] Map of Industrie 4.0 use cases
 (http://www.plattform-i40.de/I40/Navigation/EN/InPractice/Map/map.html)

5.1 ドイツの動き

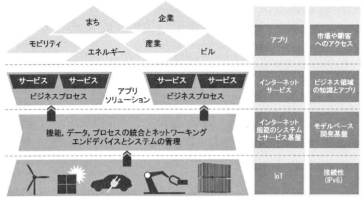

出典：Recommendations for implementing the strategic initiative INDUSTRIE 4.0, Final report of the Industrie 4.0 Working Group, April 2013, acatech[10]より日本語化

図5.2 インターネットサービスと結びついたIoT参照アーキテクチャのイメージ

5.1.3 リファレンス・アーキテクチャ RAMI4.0

Industrie 4.0は，バリューネットワーク全体の効率向上を目指し，企業間のネットワーク化と統合を図る標準の策定を重要課題の1つとしている[11]．この標準化の取組みでは，企業同士が協力する仕組みと交換情報のルール化に焦点をあて，Industrie 4.0の考え方を応用した生産システムの統合フレームワークを整理している．これをまとめたのが，リファレンス・アーキテクチャRAMI4.0である．一般には，バリューネットワーク上で，多くの企業が従うビジネスモデルは異なる．RAMI4.0は，これらのビジネスモデルを

---

[10] Recommendations for implementing the strategic initiative INDUSTRIE 4.0, Final report of the Industrie 4.0 Working Group, April 2013, acatech (https://www.acatech.de/wp-content/uploads/2018/03/Final_report__Industrie_4.0_accessible.pdf)

[11] Recommendations for implementing the strategic initiative INDUSTRIE 4.0, Final report of the Industrie 4.0 Working Group, April 2013, acatech (http://www.acatech.de/fileadmin/user_upload/Baumstruktur_nach_Website/Acatech/root/de/Material_fuer_Sonderseiten/Industrie_4.0/Final_report__Industrie_4.0_accessible.pdf)

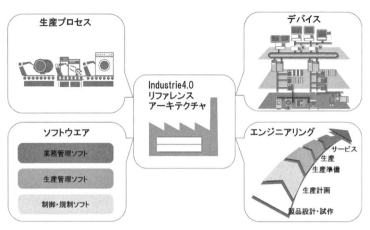

Source: Siemens 2013

出典：Recommendations for implementing the strategic initiative INDUSTRIE 4.0, Final report of the Industrie 4.0 Working Group, April 2013, acatech[12] より日本語化

図 5.3　Industrie 4.0 参照アーキテクチャにおけるさまざまな視点の例

包含し，協業を進める上で必要となる基本的な構造やインタフェースおよびデータを規定している（図 5.2, 5.3）．

RAMI4.0 の基本はスマート・グリッドのアーキテクチャを示す Smart Grid Architecture Model (SGAM) に準じ[13]，そのアーキテクチャ・モデルを，「ライフサイクル&バリューストリーム」，「インターオペラビリティ階層」，「ビジネス・生産システムの階層」と呼ぶ 3 つの軸で構成する（図 5.4）．

Industrie 4.0 あるいはデジタライゼーション時代の製造業では，ネットワークに接続するモノや設備の数が爆発的に増える．接続の容易化と迅速化には，従来のようなハードウェアレベルでのインタ

---

[12] Recommendations for implementing the strategic initiative INDUSTRIE 4.0, Final report of the Industrie 4.0 Working Group, April 2013, acatech.
(https://www.acatech.de/wp-content/uploads/2018/03/Final_report__Industrie_4.0_accessible.pdf)

[13] Smart Grid Reference Architecture, CEN-CENELEC-ETSI Smart Grid Coordination Group, November 2012.
(https://ec.europa.eu/energy/sites/ener/files/documents/xpert_group1_reference_architecture.pdf)

5.1 ドイツの動き

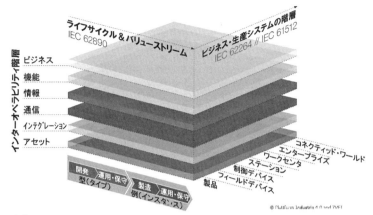

出典:Reference Architectural Model Industrie 4.0 (RAMI4.0)-An Introduction, PlattformIndustrie 4.0, Oct.27, 2016[14]を元に日本語化

図 5.4　RAMI4.0

フェース共通化では不十分である.ソフトウェアで相手を自動認識して接続する Plug ＆ Work 機能が重要になる.Industrie 4.0 では,この役割を,管理シェル (Administration Shell) が担う[15].モノの特性を表すデジタル情報をモノに付することで,モノをデジタル世界へ投影する役割を担う標準アーキテクチャと言えよう.管理シェルは,工場,生産ライン,装置,センサー,アクチュエータ,作業者などで物理世界を表現し,これらのデジタル情報を表すデータモデルと,デジタル世界の中で接続するのに必要なヘッダ情報を規定する(図 5.5).

管理シェルの外部仕様は出版公開されている.また,RWTH アーヘン大学とドイツ電機電子工業連盟 (ZVEI) が,実証実験用のオ

---

[14] Reference Architectural Model Industrie 4.0 (RAMI4.0) - An Introduction, PlattformIndustrie 4.0, Oct.27, (2016).
(https://www.plattform-i40.de/I40/Redaktion/EN/Downloads/Publikation/rami40-an-introduction.html)

[15] Structure of the Administration Shell, Continuation of the Development of the Reference Model for the Industrie 4.0 Component, ZVEI, (2016 年 4 月).
(http://www.plattform-i40.de/I40/Redaktion/EN/Downloads/Publikation/structure-of-the-administration-shell.pdf)

第5章 各国の動き—IoT推進の「場」—

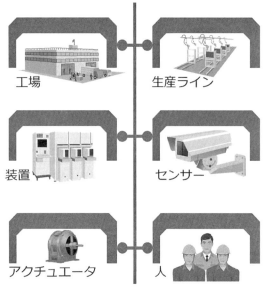

出典：野中洋一[16]

図 5.5 Administration Shell の概念

ープン・ソフトウェア Open Asset Administration Shell (OpenAAS) を，2016年夏から頒布している[17]．管理シェルの基本構造を Unified Modeling Language (UML) で表記することで，理解性に優れた仕様を公開している．また，アセットに関わるイベントの記録および利用方法の実証をとおして，RAMI4.0 に基づくソリューションの拡大を図っている．さらに，このフレームワークをオープン・ソフトウェア化し，検証作業を広く進めている．

5.1.4 Industrie 4.0 の先に見えるもの

ドイツの Industrie 4.0 に限ることではないが，情報と通信の技

---

[16] 野中洋一，欧州のつながる工場動向〜Industrie 4.0 の動向と将来，日本機械学会誌 Vol.120，(2017年4月)
[17] OpenAAS Development Repository for open Asset Administration Shell, Process Control Engineering RWTH Aachen University, ZVEI, (http://acplt.github.io/openAAS/)

術 (ICT) による変革の目的は，単なる自動化ではない．社会そのものをデジタル化することで，持続可能かつ高い効率を支える仕組みの実現を目指していると考えられる．ドイツは，以前から技術連携してきた日本との関係の継続や，ソフトウェア先進国である米国とのシステム・アーキテクチャの連携，輸出額第 1 位となった中国とのビジネスパートナー関係の構築などを Industrie 4.0 を軸に行おうとしているように見える．単に，ドイツの強みである機械工業を ICT によって変革し，同分野の優位性を継続するだけではないだろう．

　ここで，モノづくりの階層を，生産設備の階層，情報制御システムの階層，顧客サービス実現の階層という 3 階層に分けて，Industrie 4.0 の真の狙いを考えてみたい（図 5.6）．生産設備の階層は，従来デバイス・メーカー各社が独自の規格で個々に構築していた．今後，IoT によるモノのネットワーク化の爆発的な増加を支える必要から，オープンな接続を実現するデバイスに置き換わっていく．次の情報制御システムの階層は，Industrie 4.0 が言及する "つながる" 世界であり，自社システムの基本を国際標準化する活動を通じて自社仕様をオープン・エコシステムとして広げる動きや，同業他社，異業種企業を自社システムに巻き込んでプラットフォーム，エコシステムを構築する活動が鍵となる．最後の顧客サービス実現の階層は，ビッグデータ分析，シミュレーションなどのソフトウェア技術を活用して，効率の良い社会実現を目指すサービスを提供する階層である．さまざまな業種が，サービス・ビジネスとして新たな事業を目指していると言える．

　従来のドイツの強みは生産設備の階層における機械工業にあり，モノのネットワーク化の爆発的な増加の直接的な影響を受ける．つまり，スマートフォンを用いて，日常のできごとを世界中の人々と共有できるようになったように，ドイツ機械工業の生産現場や長年培ってきたノウハウを，他の工場や若年技術者と共有することで，技術の展開を容易にすることができる．同時に，これは，技術流出

作成：野中

図 5.6　変革の仮説

のリスクが高まることでもある．情報制御システムの階層では，ソフトウェア先進国の米国企業の動きが速く，米国発の仕組みの上で，可視化された生産現場データが管理される可能性がある．つまり，自国の制御が及ばないところで，貴重な生産現場データが流通するリスクの高まりが懸念される．

　Industrie 4.0 の目的は，IoT の変革がもたらすドイツの強みならびにリスクを見据えた上に，情報制御システムの階層で国際標準によるオープン・エコシステムを形成すること，管理シェルの仕組みによって自国ドイツの制御が働くようにすること，さらに，上位のサービス・ビジネス階層で機械工業に関わるサービスを展開し，自国の経済成長の起爆剤にすることにあると推察できる．

5.2　米国の動き

5.2.1　CPS と IoT イニシアティブ

　米国では IoT による新たなビジネスが広がりをみせるなか，改めて CPS が注目されている．科学技術振興機構のレポート[18]によ

---

[18]「CPS (Cyber Physical Systems) 基盤技術の研究開発とその社会への導入に関する提案」，科学技術振興機構．

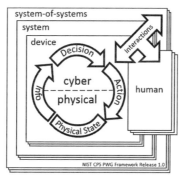

出典:『CPS Framework 1.0』, 米国国立技術標準研究所 (NIST)[19]

図 5.7 CPS 概念モデル

ると,CPS はコンピュータと物理世界が結合したもので,小さな組込みシステムから航空機などの大規模システム,さらに国レベルでのインフラまでを包含する広い概念とされている.アメリカ国立技術標準研究所 (NIST) が公開した CPS Framework 1.0(図 5.7)によると,CPS はサイバー空間とフィジカルシステム(現実世界)が相互に連携し,フィードバック・ループの系を形成する.

このループを流れる実体はデータであって,IoT[20]は現実世界からデータを獲得するデータ源に相当する.サイバー空間で圧倒的な強みをもつ米国は,市場をサイバー空間と密接に関わる CPS もしくは IoT の分野に広げようと,さまざまなイニシアティブを実施している.代表的なものとして,製造の分野だけでも International Electronics Manufacturing Initiative (iNEM)[21]や Smart Manufacturing Leadership Coalition (SMLC)[22]がある.応用セク

(https://www.jst.go.jp/crds/pdf/2012/SP/CRDS-FY2012-SP-05.pdf)
[19]『CPS Framework 1.0』, 米国国立技術標準研究所 (NIST)
 (https://pages.nist.gov/cpspwg/)
[20] 狭義の IoT.
[21] iNEMI (International Electronics Manufacturing Initiative) ホームページ
 (http://www.inemi.org/)
[22] SMLC (Smart Manufacturing Leadership Coalition) ホームページ
 (https://smartmanufacturingcoalition.org/)

ターの枠を超えた IoT の推進団体 Industrial Internet Consortium (IIC) は，世界各国の企業，アカデミアや政府研究機関をメンバーとして積極的に活動している．以下，IIC について説明する．

5.2.2 IIC の誕生

Industrial Internet Consortium (IIC)[23]は，2014 年 3 月に，米国に本社を置くグローバル企業 5 社 (AT&T, Cisco, General Electric, Intel, IBM) が設立した世界最大級の IoT 推進団体である．

その後，200 以上の団体が名を連ねるに至り，Founding & Contributing Members は，General Electric (GE)，IBM のほか，米国の DELL，EMC，ドイツの Bosch，SAP，中国の華為技術 (Huawei) などになっている．米国の水平パーツベンダー（業種横断でパーツ販売を行うベンダー）に代わって，欧州や中国の企業が名を連ねるようになったのだ．

また，現在[24]の Steering Committee Members は，スイスの ABB および日本の富士通に加えて，米国政府の研究開発センター (FFRDC) などを運営する非営利団体 MITRE Corporation，研究技術サービスを提供する非営利団体 RTI International を含む．日本から参加している 18 団体の中には，WG で中核的な役割を果たしている企業が見られる．

IIC のメンバー構成は，企業，学術関係者，政府系研究機関など幅広く，特定の国，業種，業界，分野に偏らないことを特徴とする．逆に，このことは，1 社もしくは 1 つの応用セクターだけで，IoT サービスの構築が困難なことを示している．

IIC は，グローバル，非営利かつオープンなメンバーシップの組織で，産業分野での IoT 実現の加速を目標とする．つまり，インテリジェントなデバイスと先進的アナリティクスを結びつけるこ

---

[23] Industrial Internet Consortium ホームページ
(http://www.iiconsortium.org/)
[24] 2018 年夏時点.

とにより，製造業，エネルギー産業，農業，トランスポーテーション，医療といった多くの産業セクターで「IoT 革命」を実現しようとしている．

5.2.3　リファレンス・アーキテクチャ IIRA[25]

ドイツの Industrie 4.0 が対象を製造業に限定するのに対して，IIC の対象は，さまざまな産業にわたり，産業別用途を考慮したテクニカル・ドキュメントを用意している．IIC がリリースしているテクニカル・ドキュメント群は，図 5.8 に示す分類構成になっている．この中で Industrial Internet Reference Architecture (IIRA), Industrial Internet Security Framework (IISF), Industrial Internet Connectivity Framework (IICF) などが一般公開されている．

ここで，IIC は IoT の標準 (Standard) を決定する機関ではないことに注意して欲しい．IIC のテクニカル・ドキュメントは，関連する国際標準や規約，ベストプラクティスなどをリファレンスとしてまとめている．これらは，IoT ソリューションを検討し開発する際の参考資料やチェックリストとして有用なものであるが，標準を規定するものではない．ここに，IIC が合意に基づいた標準ではなく，デファクト・スタンダード（事実上の標準）を重視すると言われるゆえんがある．

テクニカル・ドキュメントの中で，「IIRA」は，新たな IoT サービス創出に向けて，各ステークホルダーが取り組むリファレンス・アーキテクチャを定義するもので，IIC の中核文書と位置づけられている．IIRA は，Business Viewpoint, Usage Viewpoint, Functional Viewpoint, Implementation Viewpoint の 4 つの視点で，IoT システム・ソリューションに関わる情報や制御の流れを

---

[25] 山本宏，『Experimental IIRA Adaptation To The Actual IoT Solution』，(2016 年 6 月 3 日), (http://www.iiconsortium.org/japan-forum/IIC-Public-Forum-06-03-2016.pdf)

第 5 章　各国の動き—IoT 推進の「場」—

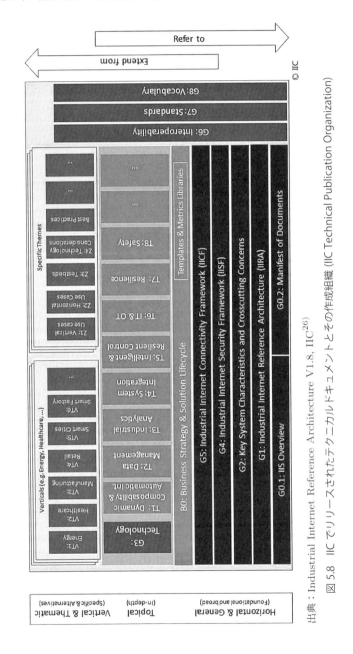

図 5.8　IIC でリリースされたテクニカルドキュメントとその作成組織 (IIC Technical Publication Organization)

出典：Industrial Internet Reference Architecture V1.8, IIC[26]

---

[26] Industrial Internet Reference Architecture V1.8, IIC
(https://www.iiconsortium.org/IIC_PUB_G1_V1.80_2017-01-31.pdf)

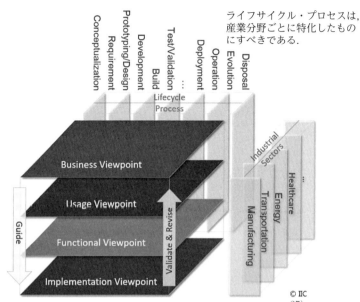

出典：Industrial Internet Reference Architecture V1.8, IIC [27]

図 5.9 IIRA に含まれる 4 つの視点と適用産業，システム，ライフサイクル・プロセスとの関係 (Relationship among IIRA Viewpoints, Application Scope and System Lifecycle Process)

定義している（図 5.9）．

5.2.4 日本の団体との連携

IIC は，日本の IoT 推進コンソーシアム (ITAC)，インダストリアル・バリューチェーン・イニシアティブ (IVI)，ロボット革命イニシアティブ協議会 (RRI) といった団体と，それぞれ連携を進めている．たとえば，IIC と IVI は 2017 年 4 月に開催されたドイツのハノーバーメッセの会場で，インダストリアル IoT (IIoT) 推進で連携する合意文書に調印した．この合意に基づき，IIC と IVI は，インターネットの産業利用における相互運用，ポータビリティ，セキュリティおよびプライバシーに関して協力していくこと

---

[27] Industrial Internet Reference Architecture V1.8, IIC
(https://www.iiconsortium.org/IIC_PUB_G1_V1.80_2017-01-31.pdf)

第 5 章　各国の動き—IoT 推進の「場」—

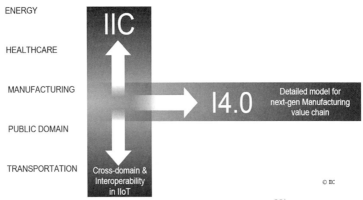

出典：Architecture Alignment and Interoperability, IIC[28]

図 5.10　IIC と Industrie 4.0 のスコープの違い；Platform Industrie 4.0 が製造業に特化していないのに対し，IIC は産業を横断したインダストリアル IoT(Industrial IoT) に対応している．(IIC addresses concerns about IIoT across industries broadly; Plattform Industrie 4.0 focuses mainly on manufacturing in depth.)

を確認している．両者は，共同セミナーを開催し，ユースケース（IVI の業務シナリオ，IIC のテストベッド）などの情報共有を進めている．

5.3　IIRA と RAMI4.0 の連携

IoT に関するイニシアティブをグローバルに考える観点から，IIC と Industrie 4.0 の連携に注目する．実際，IIC の製造セクターを中心に，Industrie 4.0 と連携し協業することを合意している（図 5.10）．2015 年 11 月に，チューリッヒで標準化の実現に向けて，それぞれが持つリファレンス・アーキテクチャ・モデルのすり合わせとマッピング作業を行った．2016 年 5 月から，標準化に向けての話合いを，改めて開始し，2016 年 6 月に共同ワーキング

---

[28]　Architecture Alignment and Interoperability, IIC
(http://www.iiconsortium.org/pdf/JTG2_Whitepaper_final_20171205.pdf)．

5.3 IIRA と RAMI4.0 の連携

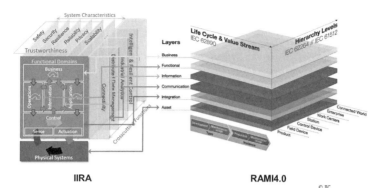

出典：Architecture Alignment and Interoperability, IIC[29]

図 5.11 IIRA と RAMI 4.0 の機能マッピング (IIRA and RAMI 4.0 Functional Mapping)

グループを設置して，具体的なソリューション構築に向けた取組みを始めた．

自動車部品の大手 Bosch などのドイツ系企業は，IIRA と RAMI4.0 の連携の枠組みを活用している．設計および製造に加えて，顧客にモノが導入された後の製品付加価値を訴求するバックエンド・サービスの検討を進め，これを実証するテストベッドを先導している．これらのテストベッドを通じて，IIC の IIRA と Industrie 4.0 の RAMI4.0 という 2 つのリファレンス・アーキテクチャを組み合わせ，具体的なマッピング作業に貢献した（図 5.11）．

米国とドイツが連携する狙いは，テストベッドの足並みをそろえることにより，事例構築や規格策定に向けて，中小企業および大企業を巻き込んだ国際協力を円滑に進めることだろう．

---

[29] Architecture Alignment and Interoperability, IIC
 (http://www.iiconsortium.org/pdf/JTG2_Whitepaper_final_20171205.pdf).

5.4 ドイツ以外の欧州諸国の動き

次に，ドイツ以外の欧州諸国の状況を概観する．国によって動きはさまざまであり，対応の遅れへの危機感から国家戦略を推進する動きや，ドイツとの協調を模索する動きなどが見られる．また，1つの企業グループの動きが，国家全体のように見える国もある．

5.4.1 フランスの動き

2008年のリーマン・ショック以降，フランス経済は10年間以上失速をし続け，失業率が一時10％超まで悪化した．さらに，フランス国内の産業設備は平均で20年が経過しており，中小企業の設備は30年以上使われているものが多い．

このような状況を見直すべく，フランス政府は2015年4月，国内のIoT活用に関する民間推進団体「未来の産業のアライアンス」(Alliance Industrie du Futur) を立ち上げ，2020年に向けた新しい国家戦略「Industry of the Future」を推進することとなった．

フランスは，標準化に関して，ドイツとロードマップを共有し，国際標準への道筋をつける方針で進んでいる．ショーケースとなる複数のプロジェクトを立ち上げ，新たな輸出産業を活性化する．また，Industrie 4.0と連携し，中小企業に特化した150以上のユースケースをWebサイトで公開している．フランスのIndustry of the Futureは，インダストリー・ドリブン（産業駆動）で社会実装を進めるモデルと言える．

5.4.2 イタリアの動き

ドイツ企業を顧客に多く持つイタリアの製造業にとって，Industrie 4.0への対応は重要な意味を持つ．イタリア産業総連盟 (Cofindustria) は2016年3月に発表した文書において，ドイツがIoT分野において国家の戦略性が高いことと比較して，イタリアの取組みが遅れていると指摘している．

イタリア政府は，IoT 活用を含む企業の生産性向上に寄与する設備投資などに予算計上した．また，研究投資に関わる税控除，企業への助成金制度およびすべてのスタートアップ企業と産業がインターネットに接続できる環境の整備，などを進めている．IoT の進展による雇用喪失の可能性が指摘される一方で，これに対応する人材の国家レベルでの育成を促している．

5.4.3　スイスの動き

スイスは，Industrie 4.0 の可能性と問題の解決を模索している．スイスは，巨大な産業界や金融業界とニッチ産業分野の中小企業が連携して第 4 次産業革命を推進している．ここで言う中小企業とは，連邦工科大学などの専門機関の研究と連携している先端企業である．

Industrie 4.0 による製造のスマート化やデジタル化は，工場閉鎖やコストの安い東ヨーロッパへの工場移転よりも良い方法である．一方で，どう実現するかは，資本の限られている中小企業にとって深刻な問題をはらむ．中小企業にとって，製造方法に関して，多くのノウハウを持つ一方，慣れ親しんだ方法を捨てて，新しい事柄にチャレンジすることは容易でない．

スイスでは，ABB グループ (Asea Brown Boveri) がデジタル化の動きリードしている．スウェーデンの Allmänna Svenska Elektriska Aktiebolaget (ASEA) とスイスの Brown, Boveri & Cie (BBC) が 1988 年に合併し，チューリッヒに本社を置く世界的な企業となった．電力とオートメーションの分野で 100 ヵ国以上に進出し，ファナック，安川電機，KUKA と並ぶ世界 4 大産業用ロボットメーカーの 1 つである．

ABB グループは，デジタル領域へ取組み実績を伸ばしている．実際，2017 年度の売上高 4 兆円のうち半分以上を，ソフトウェアまたはデジタル接続可能な機器類が占める．また，デジタル領域の競争力を高めるべく，「IoTSP」(Internet of Things, Services and People) というコンセプトを発表した．インターネットによって，人とサービスあるいはモノを接続する考え方を提唱し，保守，運用，制御などのデータを集めて活用するコントロールルーム・ソリューションによって競争優位を得る取組みを強化している．IoTSP を導入して，データ分析の品質，安全性や信頼性，生産性などの点で高い評価を得る企業事例が出てきている．

5.4.4　イギリスの動き

歴史的に第 1 次産業革命をリードしたイギリスでは，2014 年 3 月当時のキャメロン首相は，IoT が「生産性の向上や健康維持，輸送の効率化，エネルギー需要の抑制，気候変動への対応など，生活を一変させる潜在力を持つ」とし，「英国が新たな産業革新をリードしたい」と述べた．2014 年 12 月には IoT 促進ビジョンを公表し，オープンな標準の策定や産官および国際連携の促進，データ共有の必要性などを指摘している．イギリス政府は「輸送」，「エネルギー」，「ヘルスケア」，「農業」，「建築」の 5 つの分野での IoT 活用を重視している．

5.5　中国の動き

5.5.1　中国の政策

中国は，中国製造 2025 と互聯網＋（インターネットプラス）という 2 つの国家政策で第 4 次産業革命の動きを加速している．中国製造 2025 はドイツの Industrie 4.0 型であり，インターネットプラスは GAFA に代表される米国のシリコンバレー型の発展を目指している．一般には，B2C のデジタライゼーションが B2B に波及する，と言われるなかで，この 2 つを同時に発展させようとすることが，中国の特徴と言える．

中国の政策がイノベーションを最初に掲げたのは，国務院が 1999 年に発表した「技術革新の強化，ハイテクの発展，産業化の実現に

関する決定」にさかのぼる．当時，イノベーションは技術革新によって実現されるという捉え方が世界的にも一般になっていた．科学技術力を高めれば，その技術を応用した製品の付加価値が高まるとし，科学技術の向上というインプットを増やせば，イノベーションの価値が増加すると素朴に想定されていた．中国では，その後，多くの科学技術発展政策が打ち出され，研究開発費のGDP比率，特許数や論文数など，国の「イノベーション力」を比較する指標で，世界のトップクラスに躍り出た．

しかし，リーマン・ショック後の2010年ごろから，欧米諸国が製造業の国内回帰を進めたことで，中国進出の外国企業から技術獲得する機会が減少し，また，中国の国内が経済的に豊かになるにつれて国際貿易での比較優位を保てなくなってきた．このような背景の下，中国製造2025とインターネットプラスの2つの国家政策は，従来の経済成長モデルが機能している間に構造転換を進めることを目的として立案された．以下，製造業イノベーションと大きく関わる中国製造2025を中心に紹介する．

5.5.2 中国製造2025[30]

中国製造2025は，製造業の強化を目指した中国の国家政策である．2015年3月に開催された全国人民代表大会（全人代）で新たな方針として示され，2015年5月にロードマップが発表された．その狙いは，中国が目指す「新常態実現」への具体的な道筋を示すことである．労働集約的な製造業（製造大国）から，情報技術（IT）を活用した付加価値の高い製造業（製造強国）へ，35年をかけて移行する計画である．

中国製造2025は，「5つの基本方針」と「4つの基本原則」を掲

---

[30]「中国製造2025」の公布に関する国務院への通知の全訳．
　国立研究開発法人 科学技術振興機構 研究開発センター 海外動向ユニット（2015年7月25日），
　(https://www.jst.go.jp/crds/pdf/2015/FU/CN20150725.pdf)

げ，「3 段階戦略」により，製造強国に向けた戦略目標の実現を図っている．5 つの基本方針は，「イノベーション駆動」，「品質優先」，「グリーン（環境保全型）発展」，「構造の最適化」，「人材本位」である．また，4 つの基本原則は，「市場主導・政府誘導」，「現実立脚・長期視野」，「全体推進・重点突破」，「自主発展・協力開放」である．

3 段階戦略によると，第 1 段階で 2025 年までに製造強国の仲間入りをし，第 2 段階で 2035 年までに製造強国の中堅水準（平均で）に達する．第 3 段階で，新中国成立 100 周年の 2049 年には，総合力で製造強国として世界のトップになることを目指している．

5.5.3　ドイツと連携したエコシステム

2016 年 8 月，中国の美的集団 (Midea Group) は，TOB（株式公開買付け）によってドイツ老舗の産業用ロボットメーカー KUKA 買収を発表した．KUKA は，生産プロセスを自動化するとともに，人間とロボットの協業を目指しており，Industrie 4.0 で重要な役割を果たしている．その KUKA が中国企業に買収されたことから，日本の産業界にも大きな衝撃が走った．

中国製造 2025 に向けて動き始めた中国企業からすると，KUKA の買収は戦略性が高い．安く大量に生産する能力に長けているものの，IT の活用で先進国に後れを取る中国の課題解決に必要な技術の獲得である．一方，KUKA は，この買収の目的について，「中国市場」，「一般産業市場」，「Industrie 4.0 に向けた新製品」の 3 つを挙げている．中国企業がドイツの技術を手にする一方で，ドイツ企業にとって，大幅な成長が見込める中国市場を押さえておきたいという思惑が働く．中国市場で，品質への要求が高まっていることから，KUKA のロボットが活躍する場が増えていく．また，中国の労働賃金上昇による自動化ニーズもロボット活用の追い風となる．

各業界の先進企業からなるエコシステムが Industrie 4.0 を支え

ることを考えると，この買収は，中国とドイツを巻き込むエコシステムの発展という効果をもたらすと言えるかもしれない．

5.6　日本の動き[31]

5.6.1　Society 5.0

日本では，2016年1月に，「第5期科学技術基本計画」の中で，社会そのものを新しい技術によって変革する「Society 5.0」実現について述べた．「Society 5.0」は，狩猟社会，農耕社会，工業社会，情報社会に続く第5世代に向けた新たな社会の実現への取組みであって，サイバー空間と現実世界が高度に融合した「超スマート社会」を目指している．「必要なモノ・サービスを，必要な人に，必要なときに，必要なだけ提供し，社会のさまざまなニーズにきめ細やかに対応でき，あらゆる人が質の高いサービスを受けられ，年齢，性別，地域，言語といったさまざまな違いを乗り越え，生き生きと快適に暮らすことのできる社会」を実現する．

5.6.2　ハノーバー宣言

2017年3月，ドイツのハノーバーで開催されたCeBIT2017（国際情報通信技術見本市）で，第4次産業革命に関する日独協力の枠組みを定めた「ハノーバー宣言」が署名[32]された．人，機械，技術が国境を越えてつながる「Connected Industries」を進めていく方針を宣言したのである．「Connected Industries」は，「さまざまなつながりにより新たな付加価値が創出される産業社会」のこと

---

[31] 本節の記述は，以下を参照している．
中村公弘，「インダストリアルIoTの動向と東芝グループの取り組み」，東芝レビュー Vol.72 No.4 特集「デジタルトランスフォーメーションを加速する東芝IoTアーキテクチャ SPINEX」，株式会社 東芝，（2017年9月）
福本勲，「IoTがもたらすものづくりの変革と東芝グループの取り組み」，東芝レビュー Vol.72 No.4 特集「デジタルトランスフォーメーションを加速する東芝IoTアーキテクチャ SPINEX」，株式会社 東芝，（2017年9月）．
[32] http://www.meti.go.jp/press/2016/03/20170320002/20170320001.html

であり，第4次産業革命と同じ思想に立つ．

「Connected Industries」における"つながり"には，「モノとモノ (IoT)」，「人と機械やシステム」，「人と技術」，「国境を越えた企業と企業」，「世代を越えた人と人」，「生産者と消費者」が挙げられている．日本の強みである高い技術力や高度な現場力を活かすとともに，こうした"つながり"により，協働・共創，技能や知恵の継承，付加価値の創造を目指している[33]．

5.6.3　日本の取組みを推進しているコンソーシアム団体

日本では，経済産業省が2015年5月にロボット革命イニシアティブ協議会 (RRI)[34]を，総務省と経済産業省が2015年10月にIoT推進コンソーシアム (ITAC)[35]を設立した．一方，民間主導で立ち上げられた一般社団法人インダストリアル・バリューチェーン・イニシアティブ (IVI)[36]は，2015年6月から，我が国の現場力を活かした「ゆるやかな標準」によって，つながる工場の実現に向けた取組みを推進している．

2014年ごろまで，標準化の動きの中で，日本はドイツや米国から出遅れた状況にあった．標準化活動に出遅れると，製造業にとって不利なグローバル標準が策定される可能性がある．日系企業のモノづくりの強みが標準化の促進により失われるかもしれない．このような危機感から2015年に，先に述べた諸団体が設立されたのである．以下，IVIを中心に紹介する．

---

[33]　「Connected Industries」東京イニシアティブ2017 平成29年10月2日 経済産業省．
　　(http://www.meti.go.jp/press/2017/10/20171002012/20171002012-1.pdf)
[34]　ロボット革命イニシアティブ協議会 ホームページ (http://www.jmfrri.gr.jp/)
[35]　IoT推進コンソーシアム ホームページ (http://www.iotac.jp/)
[36]　一般社団法人インダストリアル・バリューチェーン・イニシアティブ ホームページ，(https://iv-i.org//)

5.6.4 インダストリアル・バリューチェーン・イニシアティブ (IVI)

IVI は，一般社団法人 日本機械学会 生産システム部門の『インターネットを活用した「つながる工場」における生産技術と生産管理のイノベーション研究分科会 (P-SCD386)』が母体となり，法政大学教授の西岡靖之氏（現 IVI 理事長）を発起人として，第 4 次産業革命での日本の取組み加速化に向けて，2015 年 6 月に設立された（翌 2016 年 6 月に一般社団法人化）．日本の製造業にとっての強みは「人」「現場」にあり，「人がカイゼンすること」をとおして日本の強みを組み込んだモノづくりの新たな姿を作り上げていくことが，IVI 設立の目的である．

日本には，小さな規模ながら得意技術を活かした「モノづくり」に長け，高いシェアを持つ中小企業が多数存在する．また，大企業の製造現場において，匠（たくみ）と呼ばれる高度熟練労働者が活躍している．このように，モノづくりの強みが製造現場の各所で保持されていることを特徴とする．一方，中小企業では従業員のほとんどが製造技術者で，IT 技術者が少なく，製造現場での IT 活用に未着手なことが多い．また，大企業でもカイゼンは現場ごとに行われ，全体最適の実現が難しいといった課題がある．

IVI は，「業務シナリオワーキング」として，「データによる品質保証」，「IoT による予知保全」，「匠の技のデジタル化」などのテーマで，IoT 時代の製造業の課題と，これに対処するケーススタディや実証実験を「企業を越えて」共有する取組みを行っている．これらの WG が作成したリファレンス・モデル（参照モデル）をもとに，共通的なリファレンス・モデルを作成し，日本のモノづくりの現場力を生かした「ゆるやかな標準」を実現しようとしている[37]．さらに，この「ゆるやかな標準」を基本とするリファレンス・アー

---

[37]「IVI によるつながるものづくり」，一般社団法人 インダストリアル・バリューチェーン・イニシアティブ，（2017 年）．

キテクチャを IVRA として整理した[38]．海外に向けて IVRA を提案した結果，International Electrotechnical Commission (IEC) などの標準化団体が IVRA を認知している．

5.7 まとめ

本章では，デジタル・イノベーションに取り組む企業の外的環境に焦点を当て，各国でどのような支援体制や政策が実施されているか，どのように業界が動いているかをまとめた．それぞれ，国や産業の成立ちに特徴があるなかで，取組みの主体や方法も千差万別である一方，互いに関連する2つの共通点を指摘しておきたい．

1つは，デジタル・イノベーションにおいては，マーケティング機能が重要な役割を担っていることである．一般に，イノベーションで新しいものを創出するとき，それが本当に価値あるものかどうか，イノベーションの担い手の企業にとっても，潜在的ユーザーである消費者にとっても判断が難しい．新規性が高ければ高いほど，その難しさが強まる．Christensen は，既存の主要顧客の新製品に対する価値判断を重視した大企業が，イノベーションに出遅れることがよくある，と指摘した[39]．

Industrie 4.0 ならびに IIC は，デジタル・イノベーションによって，どういった世界が実現可能なのか，どのような恩恵を我々は享受できるのか，といったビジョンを描き，実現に至る技術的な課題を明確にし，また，開発主体となるプロジェクトを積極的に紹介している．これは，市場および技術の不確実性を可能な限り排除する取組みと捉えることができよう．コネクティビティがカギとなるデジタル・イノベーションでは，つながる「モノ」や「サービス」，

---

[38]「IVRA Next」，一般社団法人 インダストリアル・バリューチェーン・イニシアティブ，(2018年3月)．

[39] C. Christensen, *The Innovator's Dilemma: When New Technologies Cause Great Firms to Fail*, Harvard Business School Press, Boston, MA (1999).

つながるネットワークに参加するユーザーならびに企業や組織が少なければ，その価値を十分に生みだすことができない．また，数少ない主体が，つながりを実現する共通ルール（標準化）を策定しても，有効に機能するかどうかわからない．デジタル・イノベーションでは，コネクティビティによって価値を共創するパートナーを確保することが重要である．したがって，企業を取り巻くさまざまな支援の組織機能において，マーケティングを整備しておくことが大切になる．

　もう1つは，本章で紹介した政策や支援の機関は，主たる参加者となる企業が，パートナーを見つけ，価値共創を図れるようなステップを，そのスキームの中に用意していることである．単なる技術開発の手助けをしているのではない．

　IIC ならびに Industrie 4.0 は，リファレンス・アーキテクチャに，価値共創ステップを示している．WG では，ビジネス・プランを共有し発展させ，かつ，BizDevOps を行うテストベッドを開発，整備している．テストベッドを用いることで，第4章で示したテクノロジー・プラットフォームとビジネスプラットフォームの同時開発が可能になる．そのメリットは少なくとも2つある．1つは技術開発から製品発売へのリードタイムの短縮であり，もう1つはエコシステムの事前設計を可能にすることである．

　次章で紹介するように，大手企業が積極的に IIC や Industrie 4.0 に関わるのは，自らのビジネス・プランやオープン標準化を目指す技術仕様をクローズドな WG 内でしあげ，早い段階で仕組みの中にビルトインすることが，自社に有利なエコシステムを形成することであると言えよう．たとえば，IIC は標準化に関わる機関 OMG と連携しているが，この連携はエコシステム形成をスムースにする役割を果たしているだろう．

　こうした取組みが見られるのは，デジタル・イノベーションが先手必勝のロックイン現象を起こす可能性が高いことによる．サービス基盤型モデルであれ，両面プラットフォーム・モデルであれ，そ

こにロックインされると後発者は不利な状況に追い込まれてしまう．異なる要素を結合して（コネクティビティ）新たな付加価値を生み出すデジタル・イノベーションでは，企業に対して，これまでとまったく異なるような，高度に戦略的な支援組織ならびに政策が求められていると言えよう．

参考文献

[1] 福本勲，インダストリアル IoT の動向と東芝グループの取り組み，『信頼性』Vol.40 No.2，日本信頼性学会，(2018)．

[2] 福本勲，ビジネス＋IT「第 4 次産業革命のビジネス実務論」
(https://www.sbbit.jp/keyword/3831)

[3] 福本勲，「IoT がもたらすものづくりの変革と東芝グループの取り組み」，東芝レビュー Vol.72 No.4 特集「デジタルトランスフォーメーションを加速する東芝 IoT アーキテクチャ SPINEX」，株式会社 東芝（2017 年 9 月）

[4] 野中洋一，年産 1 億台を超える HDD 大規模量産に貢献する生産システム技術，『計測と制御』，Vol.50(7)，pp.483-488, (2011)．

[5] 邵永裕，中国製造 2025 の戦略構想と将来展望, mizuho global news 2016 Vol.85 (17), (2016)．

[6] 総務省，『情報通信白書』．

[7] 経済産業省，『ものづくり白書』．

[8] 小川 紘一，『オープン＆クローズ戦略 日本企業再興の条件 増補改訂版』，翔泳社（2015）．

[9] C. Christensen, *The Innovator's Dilemma: When New Technologies Cause Great Firms to Fail*, Harvard Business School Press, Boston, MA (1999).
［邦訳］玉田俊平太監修・伊豆原弓訳，『イノベーションのジレンマ（―技術革新が巨大企業を滅ぼすとき）増補改訂版』，翔泳社（2011）．

第6章 先進的な企業の取組み

高梨 千賀子　　中村 公弘　　大谷 純

　デジタル・イノベーションを進め，製造業で新たなビジネス展開を始めた欧米企業の代表例を紹介する．また，企業がデジタル・イノベーションにおいて，どのような特許を取得し，知財・権利面の優位性を確保しようとしているのかを考察する．

6.1 事例を見る視点

　欧米企業の事例紹介に先立って，まず，本書前半の議論をふまえて，事例を読み解く視点を整理しておこう．

6.1.1 スマート製品を基本要素としたCPS構築とサービタイゼーション

　サービタイゼーションを戦略的に組み立てるには，モノを単にスマート製品化するだけでは十分でない．第2章では，ターゲットとコントローラ間の閉じたフィードバックループとしてCPSを論じた．ここでは，このCPSをビジネスの観点から解釈してみよう．

　まず，自社の「モノ」をスマート製品化することで，当該製品やセンサーならびに顧客からの提供情報をビッグデータとして解析する．その結果を当該製品のサービスとして活用し，さらに，そのサービス活用に関わる情報を統合することで，当該サービス自体の改善や新たなサービス創造に活かしていく．このようなフィードバックループを構築することにより，自社の「モノ」をインストールベ

第 6 章 先進的な企業の取組み

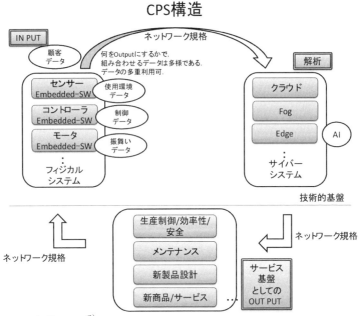

出典：高梨 (2017)[2]

図 6.1　ビジネスの観点から見た CPS

ース[1]としつつ，「モノ」に依存しないサービタイゼーションの戦略展開が可能となるのではないだろうか．Porter and Heppleman の言うスマート製品化の「仕組み作り」を，CPS として解釈できるのである．

図 6.1 に示すようにビジネスの視点から CPS を考えると，次のようなことを考慮する必要がある．サービタイゼーションを実現していくには，顧客視点（顧客との価値共創）から，どのような価値を提供していくか（サービス基盤としてのアウトプット），それにはいかなる情報を必要とするか（インプットの種類），どのように

---

[1] 英語では，Installed Base．顧客基盤や設置基盤と訳される．自社の製品を購入して（設置して）いる顧客がすでに存在しており，それがビジネスの土台となることを指す．プリンタの消耗品ビジネスはそのよい例である．数多くのプリンタを低価格で販売し，それを基盤として，消耗品であるトナーなどのサービスから継続的に利益を得る．

[2] 高梨千賀子，「ものづくり企業のプラットフォーム構築とその要件—CPS とサービス化の視点から—」，『研究 技術 計画』Vol.21, No.3, 316-333（2017）．

分析するか（クラウド上かフォグやエッジなど機器の近くの端末かの選択を含む），また，これらをどのようなネットワーク規格でつなぐか，といった大きなシステムとして考えなければならない．また，これらを自社のみで実現するのか，他社資源を活用するのか，ということに関しても，それが自社に長期的に蓄積すべき知識かどうかという視点から考慮すべきだろう．

6.1.2　サービタイゼーションによる競争環境の組換え

CPS下のサービタイゼーションの特徴は，情報源であるユーザーとともに，システムからの価値を最大化するという点にある．つまり，顧客との価値共創であり，これはS-Dロジックの発想である．これにより，ビジネスモデルは製品価値ではなく，使用価値や文脈価値（サービスやソリューションを含む）の提供へと広がる．自社の収益基盤の拡大だけでなく，競争相手の組換えによって自社が有利になるよう，競争環境や競争の焦点，さらには既存の業界構造をも影響をおよぼすことも可能かもしれない．しかし，それはそうたやすいことではないだろう．

6.1.3　2つの戦略とその展開

第3章では，2つのビジネスモデル，サービス基盤型モデルと両面プラットフォーム・モデルを示した．前者には，自社単独でサービス基盤を提供する場合と，他社を巻き込んでサービスを提供する場合とがある．後者は，サービスを利用したいユーザーとサービスを提供するプレイヤー間を結ぶプラットフォームを構築し，ネットワーク効果，バンドワゴン効果，ロックインなどによって，継続的に収益を確保するモデルである．ただし，ビジネス領域によって，ある企業がプラットフォーム企業（プラットフォーマ）になったり，そうならなかったりする．この点は注意を要する．

本章で紹介する事例を，先に述べた2つのモデルから整理しよう．サービス基盤型モデルとしてはGEのAviationやSiemensの

デジタルファクトリがある．どのようにデジタル・イノベーションを進めて，新たな価値を顧客とともに創出するビジネスモデルとしているのか，いかなるテクノロジー・プラットフォームを構築しているのか，どのように競争環境を組み換えているかが，ここでの関心事となる．一方，両面プラットフォーム型モデルとしては Siemens の MindSphere や GE の Predix を挙げることができる．両者とも，当初はサービス基盤型モデルだったが，両面プラットフォーム・モデルへの展開を図っている．この点では，3 章で紹介したコマツも同様である．では，どこにその意図が現れているのか，いかにして，そのような展開をみたのだろうか．具体的に，企業の事例を見ていく．

6.2　Siemens[3]

6.2.1　インダストリアル・デジタル化戦略

　Siemens は，19 世紀半ばに創業したドイツを代表するコングロマリット企業である．1990 年代から 2000 年代にかけて，事業ポートフォリオを大きく見直しながら時代に適応してきた．2017 年時点では，インダストリー，エネルギー，インフラストラクチャーとヘルスケアの 4 つに，対象ビジネスセクターを集約している．

　Siemens は，自社の強みである FA (Factory Automation) 機器をベースに，バリューチェーン上の上流に位置する製品設計および製品試作で用いる 3D-CAD や，設計と製造をつなげる PLM，製造現場への製造指示を担う MES/MoM などのラインアップをそろえ，ワンストップで提供している．一方，顧客および市場に対しては，デジタル時代の企業は「デジタル・エンタープライズ[4]」になり，これを支えるのが Siemens であるとしている．「デジタル・エ

---

[3] Siemens ホームページ (https://www.siemens.com/global/en/home.html)
[4] https://www.siemens.com/global/en/home/company/topic-areas/future-of-manufacturing/digital-enterprise.html

ンタープライズ」は，CPS，デジタルツイン (Digital Twin)，Virtual Reality (VR) および Augmented Reality (AR) を活用して，バーチャルとリアルを融合し，また，現場とマネジメントをつなぐ IoT などの技術を使い，製品ライフサイクル全般を通じて，デジタル統合を図る企業である．

Siemens は戦略的にデジタル化に取り組んでいる．2013 年に CEO に就任した Joe Kaeser が翌 2014 年に発表した中長期戦略「Vision 2020」において，「電化」「自動化」「デジタル化」に焦点を絞って新たな成長を目指すとした[5]．1 つ目の「電化（エレクトリフィケーション）」は，Siemens の安定事業基盤である発電・送電網・配電・スマートグリッドなどを指す．再生可能エネルギーへのシフトを見据えた積極的な展開により，年 2〜3% の成長率を見込んでいる．2 つ目の「自動化（オートメーション）」は，Siemens が強い FA 事業を主な対象とし，製造業の自動化ニーズへの対応力を強化することである．そして 3 つ目は，最も成長率が高い「デジタル化」に大きく投資していくことで，電化・自動化で培ってきた自社の強みをさらに強化して Industrie 4.0 をリードする．さらに，エネルギー領域に広げることで，全事業領域のデジタル化を推し進める戦略である．

これら「電化」「自動化」「デジタル化」は，産業革命の各段階をけん引する技術と言えよう．デジタライゼーション時代には，3 つの領域にさらなるイノベーションが求められるとして，Siemens は経営資源を集中し，2020 年に向けた成長を実現しようとしている．

6.2.2 産業用 IoT 基盤「MindSphere（マインドスフィア）」

Siemens は，クラウドベースの産業用オープン IoT 基盤「Mind-

---

[5] Vision 2020 Strategy overview.
(https://www.siemens.com/content/dam/webassetpool/mam/tag-siemens-com/smdb/corporate-core/strategy/Vision2020-strategy-overview-en-0916.pdf)

Sphere」を開発し，顧客企業に提供している．MindSphere は製造業の顧客ニーズに根差した仕組みからなり，クラウドだけでなく顧客サイト（オンプレミス）での利用も可能である．課金形態として使用量に応じて支払う「Pay per use」方式を採り入れるなど，製造業の多数を占める中小企業に配慮し，利便性を訴求している．この点が，後述する GE の Predix との違いだろう．

Siemens は，MindSphere を「インダストリアル IoT の Operating System (OS)」と呼んでいる．Microsoft が Windows という OS によって PC の覇権を握ったのと同様に，産業用 IoT の基本ソフトウェアとして事実上の標準の地位を獲得し，イニシアチブを握ることを狙っている．

6.2.3　ケイパビリティ（実行能力）強化

世界がデジタル化・ソフトウェア化していく一方で，Siemens は 1990 年代に情報通信事業を切り離したことから，ソフトウェアに関して十分なケイパビリティを持っているわけではなかった．21 世紀に入ると，製造業のデジタル化を支えるソフトウェアのケイパビリティ強化として，自社での技術開発だけでなく，戦略的な M&A および IT 企業との提携を進めてきた．2000 年代には製品ライフサイクル管理 (PLM)，3 次元シミュレーション，CAD，生産計画やプラント管理ソフトウェアの企業に加えて，産業用シミュレーション・ソフトウェア，半導体設計の企業などを次々に買収した．これらによって，製造業の一連の業務プロセスすべてをデジタル化・CPS 化するラインアップをそろえ，そのソフトウェア事業を世界有数の規模とした（2016 年時点で世界 13 位）．

また，SAP や米 IBM などの IT 企業とも提携し，自社が直接の範囲としない領域をカバーしている．特に SAP との連携は強く，SAP の ERP と Siemens の製造業向けソフトウェア群を組み合わせることで，企業の経営システムと現場系システムとをシームレスに連携するデジタル・エンタープライズを提供できるラインアップ

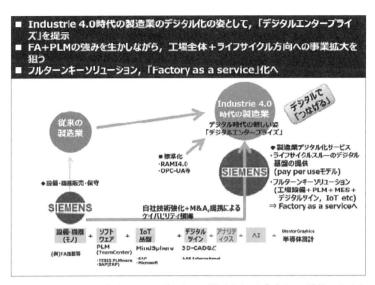

図 6.2 Siemens のデジタルインダストリー戦略とケイパビリティ獲得シナリオ

をそろえている.以上の Siemens の取組みを図 6.2 に示す.

6.3 GE[6]

6.3.1 デジタル化への道

GE は,1892 年に米国で創業された世界屈指の総合電機メーカーであり,その長い歴史の中で,時代の流れとともに事業のありかたを大きく変えてきた.インターネットの時代になって,B2C 領域で新たな経済を作りあげた Google や Amazon などの IT 企業が,B2B 領域に参入し主導権を奪っていくのではないか,という危機感を強く持った.2012 年当時 CEO だった Jeff Immelt の強いリーダーシップの下,産業界を代表する企業の中でいち早く「インダストリアル・インターネット」構想を打ち出した.「GE を世界で最も価値のあるインダストリアル・カンパニーにする」というビジョンを描き,産業のデジタル化に向けて,大きく舵を切った.

---

[6] GE ホームページ (https://www.ge.com/)

インダストリアル・インターネットは「モノとデータが融合する21世紀の産業革命」を目指す．産業機器をインターネットにつなげて，機械装置の使用状態を把握する．また，ソフトウェアを活用して膨大なデータを蓄積して解析し，高効率運転，省エネ，運転・保守の最適化などを実現することで，製品ならびにサービスの顧客価値を飛躍的に向上させる．B2C 領域で Google や Amazon は，インターネットにつながる人の行動に根ざしたビッグデータを利用することで新たな価値を生み出した．これに対して，インダストリアル・インターネットは，産業機械から生じるデータを利用することで「最適運転」や「最適な保守」といった新しい価値を生み出すことを目指している．

6.3.2　産業用 IoT 基盤「Predix」とエコシステムづくり

重電企業である GE にソフトウェアの文化を創ることを目的として，2011 年に GE Software を設立する．シリコンバレーに本拠地を置いて，ソフトウェア技術者を続々と採用し，インダストリアル・インターネットを支える産業用 IoT 基盤「Predix」を開発した．

Predix は，産業用機器向けに開発されたクラウドベースのオープンな IoT 基盤で，産業用機器からデータを収集し，クラウド上で高度な解析を行う基盤である．また「ソフトウェア・デファインド・マシーン (Software-Defined Machines)」という考え方を導入している．機器の物理実体をソフトウェアで包み込むことで，GE 製の機器だけでなく他社の機器も接続することができる．「ソフトウェア・デファインド・マシーン」は高い戦略性を持ち，他社の機器を含めた顧客のプラントやシステム全体の運転および保守の最適化を図れるというメリットがある．一方，Predix ユーザーにとっては，プラントの運転状態や保守データが Predix に吸い上げられ，運転状態や性能などが把握されるという面もある．

GE は Predix を「IoT オペレーティング・システム (OS)」と称

している．当初，GE 製の産業用機器の最適化を提供するサービス（サービス基盤型モデル）として活用され，2015 年から外販された．これによって，多くのソフトウェア企業，アプリケーション提供者，補完製品提供者を，GE 以外の他社製機器のユーザーにも結びつける両面プラットフォーム・モデルとした．Microsoft が Windows という OS を提供することで，Windows 上で作動するアプリケーション・ソフトウェア，周辺ハードウェア機器からなる巨大なエコシステムを形成し，Windows 経済圏を作りあげた構図と同じである．つまり，インダストリー分野で新たなエコシステムを形成しようとしている．

6.3.3 製造メーカーからサービス・ソリューションプロバイダへ

GE は，Siemens と同様に，2000 年代前半まではジェット・エンジン，タービン，医用装置といった機器の製造・販売が主な事業だった．2000 年代後半に，サービス・ソリューション事業へと範囲を広げている．この事業転換の際に特徴的なのが，「顧客視点」と「全体を見据えたシステムの最適化」である．

「顧客視点」では，GE 製品の買い手だけでなく，その買い手から商品を購入する最終顧客にとってのシステム全体，さらにいくつかの施設やシステムをつないだ「ネットワーク全体」の運用を最適化するという新たなビジネスモデルを構築した．たとえば，Aviation 事業では，2005 年に社名を GE Air Craft Engine から GE Aviation に変え，従来のジェット・エンジンの製造・販売だけでなく，航空機の運用・保守を最適化するソリューション・サービス事業を展開した．サービス事業を積極的に展開した結果，同事業の売上げは 2005 年から 2015 年の 10 年間で 2 倍以上に成長した．

この事業展開において注目すべき点は，戦略的なポジショニングと戦略実行の順序である．GE は豊富な資金力を背景に，エアラインと航空機メーカーの間に新会社 GE Capital Aviation Service (GECAS) を設立して，機体のレンタル事業を開始した．従来はボ

ーイングなどの機体メーカーが主たる顧客だったが，GECAS の顧客はエアラインである．同社はボーイングやエアバスなどの機体メーカーから大量に調達し保有した航空機をエアラインに貸し出す．運航データやエンジンの稼働状態データを得ることで，GE が機体の整備や運航計画などのサービスを提供できるようになった．

　GE のサービスは，LCC (Low Cost Carrier) から始まった．機体を保有する際に発生する多大な資金負担を軽減できることから，航空業界に参入しやすくなる．一方，GE は，保有する航空機に関するデータへのアクセス権・利用権を自身に留保できる．また，取得した運航データならびにエンジンの稼働状況のデータを用いて，燃費や飛行ルートを最適化するフライト・アナリスティクスを開発した．その有効性を LCC で検証したあと，大手エアラインに提案するという順序で，ビジネス戦略を実行して顧客拡大に結びつけた．実際，2016 年 12 月には，全日空がフライト・アナリスティクスを使うと表明している．

　最初は，経営資源の乏しい顧客を選び，自社の潤沢な資金を使ってモノを貸し出し，モノの運転・運用データを得て，運用・保守を最適化するアプリケーションを実用化する．しかるのちに，大手顧客にもサービスを提供するという巧妙な戦略である．もはやメーカーの事業範囲にとどまらず，運航・保守といった，従来のエアラインの事業領域に進出している．デジタル化によってデータを手中に収めることで，既存の業界の枠組み・境界を変え，業界構造を変えようという試みである．

　「全体を見据えたシステムの最適化」では，発電所の運転効率向上の最適化サービスを電力会社に提供している．設備機器を保有し運転・保守を行う顧客側の視点に立ち，最適化サービスを提供することで，自社機器だけでなく他社の機器を含めてデータを手中にできるポジションを得る．プラント全体の運転データを収集し，最適化サービスを提供することで，個々の顧客・プラントにとって最適な新機器を提案できるようになり，機器の買替え時には GE が有

利となる．

　GE の Aviation 事業とエネルギー事業は，従来の取引関係（設備・機器を提供するメーカーと，設備・機器を運用する企業）を越え，設備運用企業側の運用・保守領域に機器メーカーが事業領域を広げていくためのサービタイゼーションという点が共通する．IoT の活用による運用・保守サービスを提供することで，業界構造を変えているのである．

6.3.4　デジタル・イノベーションの推進方法

　自社の事業モデルを変えていくには，その事業の価値を享受する側の顧客・マーケットへの理解と受容が不可欠である．GE は，最適化サービスやソリューション，アウトカム型の事業を市場に浸透させようと，「Power of 1%」というマーケット・メッセージを発信した．「Power of 1%」は，GE の事業領域である石油・ガス，発電・送配電，航空などの資源を掘り出し，エネルギーに変え，送り，動力を生み出すというエネルギー・チェーンのそれぞれで，1% ずつ効率を良くし，燃費を向上させ，停止時間や待ち時間を減らせば，おのおのは効果は小さくても，全体としての効果は非常に大きく，地球環境ならびに世界に貢献できる，とする．これらを支えるのが，"デジタルの力"，収集データと高度なデータ分析，最適化アプリケーションおよび最適化サービスである．

　その一方で，GE は自社にない技術を獲得する M&A や技術提携を積極的に仕掛けている．たとえば Predix の強化として，サイバーセキュリティの WorldTech，アセットマネジメントの Meridium，フィールドサービスソリューションの ServiceMax，人工知能や機械学習の領域の WISE.io および BitStewSystems などを次々と買収した．さらに GE に不足する IT 技術・製品では Microsoft，Oracle，HP，Dell，Intel といった企業と提携し，技術を補完している．以上のような GE の取組みを図 6.3 にまとめる．

第 6 章 先進的な企業の取組み

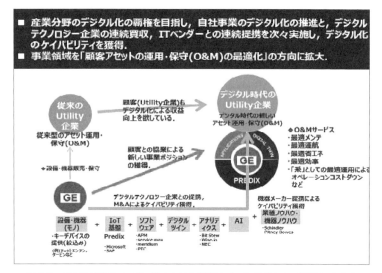

図 6.3 GE のデジタルインダストリ化戦略とケイパビリティ獲得シナリオ

6.4 Bosch[7]

6.4.1 デジタル化に向けたビジョン・戦略

Bosch は，1886 年にドイツのシュトゥットガルトで創業した世界有数の機器メーカーである．モビリティ・ソリューションズ（自動車部品），産業機器，消費財（Siemens から買収），エネルギー・建築関連の 4 つを主な事業領域とし，世界 250 製造拠点（2017 年時点）で自動車部品や産業機器・電動工具などさまざまな製品を製造している．コーポレートスローガンは "「Invented for life」-人と社会に役立つ革新のテクノロジー" であり，デジタライゼーション時代を迎え「コネクテッドライフ」を実現する IoT 技術とスマート製品で世界的なリーディングカンパニーを目指している．

Bosch は，コネクティビティによって新しい価値を創出するのに必要な，製品・デバイスのスマート製品化，IoT 基盤，サービス

---

7) Bosch ホームページ (https://www.bosch.com/)

とアプリケーションに注力している．強みである3S（センサー，ソフトウェア，サービス）を4つの事業領域と組み合わせて，新たな事業機会を創り出している．たとえば，エアバッグ・センサーと連動する自動緊急通報サービス，駐車場の空車情報をクルマに伝えるサービス，電動工具につけたトルク・センサーでネジ締め時の力を計測し製造した自動車のトレーサビリティを実現する，といった取組みがある．

Bosch は，さまざまなコンポーネント，機器のリーディングサプライヤーであるとともに，世界有数の製造拠点を持つ工場オーナー，すなわち製造技術のリーディングユーザーでもある．この2面性を活かして，自社製品をスマート化し，自社の生産拠点で実証を重ね，その成果をサービスとして外販する戦略を採る．これによって，Industrie 4.0 関連で 2020 年までに売上げを 10 億ユーロ増加させ，10 億ユーロのコスト削減を実現させる計画であるという．

6.4.2　IoT ケイパビリティと IoT 基盤「Bosch IoT Suite」

Bosch のソフトウェア・サービス事業へのシフトは，取締役会会長 Volkmar Denner の強いリーダーシップの下で進められている．IoT 戦略の中核を担っているのは Bosch Software Innovation (Bosch SI) である．2008 年に買収した Innovations Software Technology GmbH をベースに，2011 年に inubit，2015 年に Prosyst Software を買収して，IoT のコアテクノロジーを手にする．2016 年にオープンな IoT 基盤「Bosch IoT Suite」を発表した．Bosch IoT Suite の開発を進める一方で，自社で不足するところを，SAP，GE，PTC との提携によって積極的に補完する．互いの IoT 基盤を接続できるようにして，相互運用可能なアプリケーションを増やすことで，顧客による選択の幅を広げている．

6.4.3　IoTを契機とした新たな事業機会の拡大への取組み

　Boschは，次に述べるような幅広い産業分野を対象に，自社の強みが活かせるセンサー，コンポーネント，ソフトウェアを組み合わせた新しいサービスの事業化を狙っている．

- エネルギー：スマートメーター，仮想発電所(VPP：Virtual Power Plant)
- モビリティ：フリートマネジメント，電気モビリティ，インターモーダル輸送（複合一貫輸送）
- 工業：稼働状況の遠隔監視と予兆保守など
- 建物：スマートホーム，スマートヒーティング
- コネクテッドデバイス（接続機器）：スマートデバイス，センサー，カメラ，アクチュエーター
- 都市：シティ・プラットフォーム，シティ・ナビゲーター，セキュリティ・ダッシュボード

整理すると，既存の産業構造においては下位に位置するコンポーネントメーカーが，センサー技術やIoTをテコに，最終製品メーカーを越えてエンドユーザーにサービスを提供することで，新たな産業構造における上位レイヤーにポジショニングを変えて，イニシアチブを握る戦略と捉えることができる．

6.4.4　IoT・Industrie 4.0 推進リーダー

　BoschがIndustrie 4.0をリードしている，と言われることがある．Industrie 4.0のリファレンスアーキテクチャRAMI4.0は，機器の物理的な実体に対応するアセット層の上位にインテグレーション層を置き，アセットを管理シェル(Administration Shell)で包む構造になる．これが標準化されると，たとえば，ネットワーク接続機能（ソフトウェア）を持たない電動工具は，Industrie 4.0対応の工場で使用できないことになりかねない．そうなると，ソフトウェア開発力のあるBoschの強みが発揮されることになる．

　以上で見てきたように，Boschは，IoT，ソフトウェア化やサー

ビタイゼーションという流れに沿って，コンポーネント事業を主体としながらも，最終製品メーカーを超えてアプリケーション・サービス事業に向けた投資を行い，IIC などのコンソーシアム活動をリードしている．このような姿勢は，産業のデジタル化に向け，時代のイニシアチブを握っていく取組みとして注目に値する．

6.5 SAP[8]

SAP は ERP での顧客基盤を活かして，電力・ガスなどのユーティリティ企業やプロセス製造業などの設備保有企業に向けて，デジタル化時代の企業のありかたとして「つながる企業像」を提示している．これからのシステムは，企業内に閉じた仕組みではなく，設備機器メーカー，業務委託先，建設工事事業者などを含めた設備全般のライフサイクル情報を互いに共有するものであり，これによって，設備保全・運用の効率化・最適化を図ることが可能だとしている．その共有の仕組みを提供するのがクラウド情報共有基盤「SAP Asset Intelligence Network」である．これは，両面プラットフォーム・モデルであり，設備保有企業（ユーザー）と設備機器メーカーなどを結ぶ．SAP は，メーカーではない中立の立場というブランドイメージを活かしたポジショニング戦略を採っていると言えよう．

このほかにも製造業向けに，ERP の基幹情報と IoT で収集される現場・機器データを組み合わせたソリューション商品や，新たな人工知能/アナリティクス基盤「Leonardo」を発表している．デジタル化時代の企業経営に求められるソリューション商品のラインアップをそろえることで，従来の ERP ソフトウェアベンダーから，デジタル時代の IoT 基盤からアナリティクス基盤までを含めたトータル・ソリューションプロバイダへと，ビジネスの形態を変えて

---

[8] SAP ホームページ (https://www.sap.com/index.html)

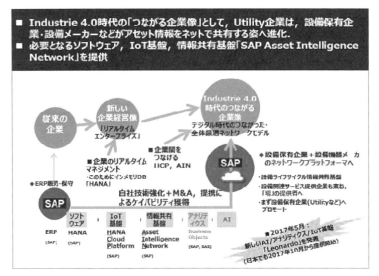

図 6.4 SAP のデジタルインダストリー化戦略とケイパビリティ獲得シナリオ

きている．以上の SAP の取組みを図 6.4 にまとめた．

6.6 先進各社の取組みから学べること

6.6.1 顧客視点の重要性

　デジタル化に向けた先進企業の事例を見てきたが，共通した取組みが示唆に富むことに気づかされる．まず，欧米のリーディング企業は「デジタル化」を利用して，自社がイニシアチブを取れるように競争環境を組み換えようとしている．Siemens や GE では，収益をあげにくくなった「単体のモノ」から，より高い収益が見込める「ソフトウェア」，「サービス」，そして中長期的な安定収益を目指して「ネットワークでつながるシステム全体」に事業領域を広げている．必然的に，自社の事業領域が，従来の顧客の領域に広がる．そこでは，顧客の視点で異業種・異種サービスを組み合わせて，従来の事業領域を超えた新たなバリューチェーンを作り出している．デジタル・イノベーションでは，顧客視点でのサービス化

を見据えたIoTや機械学習などのデジタルテクノロジーを活用したCPSの構築が重要となる．モノ個々の優劣といった従来の枠組みにとらわれずに，「システム」の中でつながるモノやサービスが，顧客の価値・便益 (Outcome) を産み出すことに注目し，新たなビジネスモデルを創出していく姿勢と見ることができよう．

6.6.2　サービス基盤型モデル：競争環境の組換え

上に述べたような新たな付加価値を提供するビジネスは，既存の業界構造を壊す可能性を秘めている．たとえば，航空機・航空エンジンの領域では，

　　素材（炭素繊維など）
　　→ コンポーネント・パーツ（ジェット・エンジンなど）
　　→ 完成品（航空機）
　　→ ネットワーク（エアラインによる航空機群の運航）

というレイヤー構造が，従来の業界には存在していた．一方，先に述べた GE Aviation では，ジェット・エンジンの製造・販売だけでなく，エアライン各社の運航事業を支援するフライト・アナリティクスサービスを提供し，機体のメンテナンスを請け負う事業スキームを整えるなど，より上位のレイヤーである Operation & Maintenance (O&M) サービスを事業領域に組み入れている．これは，まさに，サービス基盤型モデルといえる．BOSCH も同じような戦略を採っている．

これを付加価値の面から見ると，

　　「①素材としての価値」→「②パーツの価値」
　　→「③コンポーネントの価値」
　　→「④完成品・プラントの価値」
　　→「⑤モノの使用に伴う使用価値」

と見ることができる．

言い換えると「②＋③は製品価値」，「④はシステムの価値」，「⑤は成果の価値」であって，付加価値の規模は⑤が大きい．モノ

第 6 章 先進的な企業の取組み

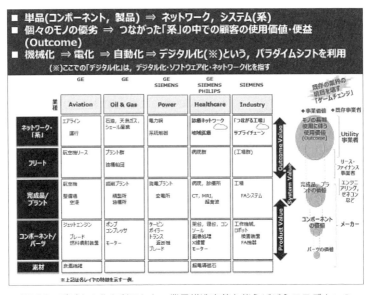

図 6.5 デジタル化を利用した，業界構造変革を伴うビジネスモデルへのシフト

の低価格化が激しく，長期利用や共同利用によりモノが売れにくくなった時代にあって，製造メーカーが，継続的で収益規模の大きい O&M 事業，あるいは使用/文脈価値型のビジネスモデルを指向するのは自然な流れと言えよう（図 6.5）．

6.6.3 両面プラットフォーム・モデル

　デジタル化がビジネスモデルを変えるもう 1 つの方向として，両面プラットフォーム・モデルがある．前述の SAP のユーティリティ事業に向けた設備情報共有プラットフォームの提供が代表例だろう．SAP は，設備機器メーカーと，設備を保有し運用を営む事業者（ユーティリティ事業者）などの顧客との中間に位置し，設備に関わる情報を事業者間で共有するクラウド上の情報共有基盤を提供している．顧客であるユーティリティ事業者が設備機器メーカーに情報共有基盤を使うように要求すると，設備機器メーカーはこれを使わざるをえなくなり，情報共有基盤に情報が集まる．それが

ユーティリティ事業者を引き寄せる力となり，この「場」に設備保守業務の委託先の情報や設備の運転データ・保全データなどが集まる．こうして指数関数的に情報および参加者が集まるようになり，プラットフォームの価値が高まる．

SAPのほかにも，GEや第3章に取り上げたコマツ（オープン化したスマートコンストラクション）がこのモデルを採っている．共通するのは，1社のみで実現できないことを，「強いビジョン」「コンセプト」で多くの事業者を引き寄せて，「場」の価値を高め，エコシステム化する取組みである．いずれも中立的な「場」に各社が参加者としてデータを提供していくことで，「場」の価値が高まるしかけになっていくところが共通する．

6.6.4　産業用途でデータが産み出す価値を得る戦略

GAFAやその他のデジタル企業がB2C領域でインターネット・ビッグデータを手にしたように，産業用途でデータが産み出す価値を手に入れることも重要である．デジタライゼーション時代のサービスでは，製品・機器が顧客にどう使われているか，どこを改善すれば運用効率が上がるか，などの顧客が使う機器（アセット）の運用データが重要な位置を占める．そこで，データの取得・使用権獲得を目的としたアセット保有および契約が重要となるだろう．運航や保守のデータを得るにはアセットを保有して，顧客にリースあるいはレンタルすることから，アセット保有の資本力あるいはファイナンス・スキームによる解決が必要となる．特に新興国やLCCといった資金力の乏しい顧客に対して，フルターンキーによってアセットサービスを提供する場合，あるいは使用料ビジネスを行う場合などは，ファイナンスに関わる課題解決がポイントとなるだろう．

B2C領域で起きたように，「データ×資本」の組合せが成長のドライバーになる時代では，データ権益・利用権が決定的な重要性を持つ可能性がある．したがって，資本投下をも含めた戦略の実行順序を的確に押さえておく必要がある．

第 6 章　先進的な企業の取組み

先進各社の例	マーケットメッセージ	顧客価値	必要なケイパビリティ	ケイパビリティ獲得手法
GE	「Power of 1%」	● 最適運用 ● 最適メンテ ● 省エネ/省資源 ● 最適効率 ● オペレーションコストダウン　など	● キーとなる機器 ● IoT基盤 ● デジタルツイン ● アプリケーション ● アナリティクス/AI ● 業種/ノウハウ　など	● デジタルテクノロジー企業との提携，M&Aによるケイパビリティ獲得 　SAP / Microsoft / PTC / 　Servicemax / Meridium / 　BitStew / Wise.io ● 機器メーカーとの提携 　Pitney Bows / Schindler
SIEMENS	「Digital Enterprise」	● 製造業のデジタル化サービス ● ライフサイクルスルーのデジタル基盤の提供 ● pay per use ● ターンキー工場ソリューション	● FA機器 ● ライフサイクルスルーのデジタル基盤 ● PLM/CAD/MESなどのソフトウェア ● IoT基盤 ● デジタルツイン　など	● 自社技術開発・強化 　Mindsphere / TeamCenter(PLM) ● M&A，提携によるケイパビリティ獲得 　UGS / Innotec / TCSIS PLMware / 　IMS International(3D) / 　CD-adapco / Mentor Graphics 　SAP / Microsoft
SAP	「つながる企業像」	● 設備保有企業，設備メーカー，サービス提供者の共有の場(Hub)を提供 ● 設備ライフサイクルの情報共有基盤	● 設備保有企業におけるプレゼンス ● IoT基盤 ● 情報共有基盤 ● アセット管理ソフトウェア　など	● 自社技術を主にしたケイパビリティ獲得 　HANA / HANA Cloud Platform / 　Asset Intelligence Network(AIN) / 　Leonardo

■ 顧客にデジタルトランスフォーメーションの価値を訴え，顧客自身の変容を促し，その実現に必要なデジタルケイパビリティを自社開発＋M&A/提携で獲得．

図 6.6　欧米主要各社のデジタル化に向けたケイパビリティ獲得のシナリオ

6.6.5　「デジタライゼーション時代」に向けたケイパビリティ獲得

　Siemens や GE に関連して述べたように，デジタル化時代では従来のハードウェア製品の強みとは異なる新しいケイパビリティが求められる．この新たなケイパビリティを獲得するシナリオも重要である．たとえば，顧客向けの利便性の高いサービス，顧客の運用・保守をサポートするサービス，ライフサイクル全体を通じてのデジタル化サポート，そしてクラウド上で共通の「場」を提供することなどである．これを実現するには，ハードウェアだけでなく，ソフトウェア，IoT 基盤，デジタルツイン，人工知能・機械学習，顧客の業種・業務ノウハウなどを，そろえていく必要がある．Siemens や GE は，デジタル化に向けた明快なビジョンと事業シナリオに沿って，M&A，他社との事業統合・提携を自社開発と組み合わせることにより，デジタル時代の顧客が求める新しいケイパビリティを獲得している（図 6.6）．

　さらに，自社がどの業界でどのポジションを占めるのか，新たな価値として顧客に何を提供するのかを，ビジョンとシナリオに基づ

いて事前評価し，実行すべきである．これらの取組みは，自社の事業をデジタル化の時代に適合したカタチへ「変容（トランスフォーム）」させていくものである．トランスフォームの手法はいまだ確立されていない．しかし，ケイパビリティ獲得競争を見ることで，企業がどこに向かおうとしているのかを知ることができる．このようなケイパビリティをそろえていくシナリオ作りは，企業にとって必須の競争条件になるだろう．

6.7　プラットフォーム展開における知財戦略

特許は公開される情報であるが，一定期間，企業が当該技術から利益を上げることを保証するものである．企業がデジタル・イノベーションにおいてどのような特許を取得し，知財・権利面の優位性を確保しようとしているのかが，ここでの関心事である．先進的な取組みをしている企業について，関連する特許出願を取り上げ，それがどのようにビジネスと関連しているのか考察し，標準化を取り入れた特許の重要性を論じる．また，B2B領域の企業が依然としてハードウェアの特許を重視している傾向を取り上げ，デジタライゼーション時代の特許戦略の考え方を紹介する．

6.7.1　先行事例としてのIntelの特許パターン

Intelが1990年代後半より自社のCPUとチップセットを搭載したマザーボードによって，PC市場に攻勢をかけた戦略を振り返ってみよう．同社は，利益の源泉としてCPUを有しており，これを搭載したチップセットを供給した．チップセットは，メモリならびにディスプレイなどの周辺機器を接続するインタフェースを有し，これらが一体となってマザーボードを構成する．Intelは，自社独自のアーキテクチャによるマザーボードを仕立てあげて市場に供給した．

このときに，Intelが獲得した特許および標準化戦略を詳しく見

ていく．CPU とチップセット間に同社の特許ライセンスを設定した上で，他社が開発しているチップセットを接続可能にした．また，チップセットに接続する周辺機器，USB やオーディオ機器などを接続するインタフェースを標準化領域と定義して，積極的に標準化活動を実施した．Intel は，これらのインタフェースなどを独自アーキテクチャ・ベースに定義し，互換 CPU の参入を排除する一方で周辺機器メーカーの参入を促進するなど，自社 CPU を搭載した PC 普及の環境を整備したのである[9]．

Intel が当時出願した特許を見ると，そのアーキテクチャの全体像を把握することができる．利益の源泉は CPU だったが，特許出願の領域を CPU に限定せず，CPU を構成要素とするアーキテクチャに拡大した．

先に述べたように，Siemens は MindSphere，GE は Predix で両面プラットフォーム・モデルを展開している．これらのプラットフォームでのコア領域，つまり GE や Siemens の利益の源泉となるのは，サイバー空間を活用した設計や，ビッグデータ解析による故障予知やエネルギー利用最適化などのソフトウェア関連技術である．

上述の Intel のマザーボードの例と照らし合わせると，次のような戦略に基づいているという仮説を立てることができる．すなわち，まず，当該プラットフォームにおいて，競争優位性を高める新たなアーキテクチャを事前設計する．その上で，コア領域のソフトウェア関連技術をプラットフォームの一部に位置づけた特許出願を行い，レバレッジを利かすべく周辺技術へのインタフェースとなる領域を標準化する，というものである．

---

[9] 立本博文 [7], pp.94, 177-221.

6.7 プラットフォーム展開における知財戦略

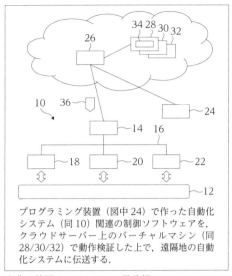

プログラミング装置（図中 24）で作った自動化システム（同 10）関連の制御ソフトウェアを，クラウドサーバー上のバーチャルマシン（同 28/30/32）で動作検証した上で，遠隔地の自動化システムに伝送する．

出典：特開 2012-248184 号公報

図 6.7　プラットフォーム関連特許出願の例

6.7.2　プラットフォーム関連の特許出願を読み解く

図 6.7 に Siemens の特許出願を示す．Siemens のプラットフォームである MindSphere の全体像を描いたものと思われる．コア領域であるシミュレーション技術をアーキテクチャの一部と位置づけている点は，上述した Intel の事例と共通すると言ってよいだろう．そして，当該特許出願の明細書には明示されていないが，工場の各種機器やソフトウェアなどの異なるインタフェースを，たとえば Industrie 4.0 で提唱されている管理シェル (Administration Shell) が仮想化することでレバレッジが機能する．つまり，どの機器も，どのソフトウェアも接続が可能となり，コア領域であるシミュレーション技術を展開する範囲が拡大し，その結果，さらなる利益拡大を目論むと考えられる．

ここで，この例のように技術の保護手段として注目が集まっている，ビジネス関連発明（ICT を利用してビジネス方法を実現する発明）の特許とプラットフォームの関係を整理してみよう．通常，ソフトウェア関連技術は，提供者と利用者との間でソフトウェアの

改変を禁止するといった契約を結ぶことで競争優位性を維持する．しかしながら，提供者と利用者の間に契約関係がなく，競合他社を含む第三者に対してもソースコードが不開示である状態で，第三者が独自に同様の機能を有する互換ソフトウェアを創作したとしよう．この場合，プログラムを著作物として，著作権で排除することが難しい．

さらに，互換性のあるオープンソース・ソフトウェア（以下，OSS）の出現により幅広い層のユーザーからなるコミュニティが形成されるとしよう．関連する著作権，特許権などの取扱いが非排他的に設定されることとあいまって，OSS の研究開発が加速される．これによって，コア領域と位置づけていた自社ソフトウェアの優位性が早期に失われる可能性が生じる．ソフトウェアが人工物の論理体系[10]である以上，競合他社の追随はもちろんのこと，オープン領域として攻勢をかけられる恐れが生じる．コア領域として開発されたソフトウェアだけではなく，周辺領域を包含した特許戦略がより重要になるのである．

このように考えると，コア領域の自社ソフトウェアを包含したビジネス関連発明の特許は，競合他社の互換ソフトウェアや互換OSS が出現した際に，少なくとも自社のコア領域を含むビジネスモデルを保護する一手段として意味をなすだろう．そして，基幹OSS や他社のセキュリティ関連などの補完ソフトウェアを組み入れる際，プラットフォーマは関連する特許権や著作権およびプログラムの改変時の取扱いといったライセンス条件を含めて一元的な知的財産権の管理が求められる．そこで，契約交渉においてプラットフォーマの立場が強くなる可能性が十分にありうる[11]．

---

[10] 小川紘一 [4], pp.393-397.
[11] 加藤恒，日刊工業新聞 (2018).

6.7.3 標準化を見越してビジネスエコシステム構築を狙った特許戦略

プラットフォームの競争優位性を維持するにあたり，単に自社のコア領域をプラットフォームの一部に位置づけ，補完財に関する知的財産権のライセンス管理をすればこと足りるわけではない．一般に，アプリケーション開発支援ツールやユーザーインタフェース（UI）の提供は，プラットフォーマが補完プレイヤーならびにユーザーを増やす有効な方策である．競合他社に模倣されないように，防御の観点からも，開発ツールや動作検証を行うシステムや権利侵害検知が比較的容易な UI に関する特許を出願する．

さらに重要なのは，国際標準化である．Industrie 4.0 の関連機関が公表する資料では，その初期段階から標準化の重要性が強調されていた．その後まもなく，ソフトウェアや工場の各種機器などの相互接続性に関して管理シェルが提唱された[12]．当然，Industrie 4.0 を推進するドイツ企業群は，標準化だけがポイントとは考えていない．標準化をレバレッジにして競争優位性を高める目的で，特許出願をプロアクティブに進めている．その典型例として，前述のように自社のコア領域を含めたアーキテクチャを描くようなビジネス関連発明の特許がある．標準化によるインターオペラビリティ（相互運用性）の向上により，プラットフォームの補完プレイヤーおよびユーザー増加を後押しする仕組みができあがる．これと併せて，ビジネス関連発明の特許を権利化できれば，そのプラットフォームの運営が盤石なものとなるからである．

また，このような相互接続性に関して標準化を進める一方で，インタフェースの自動的な割当てやデータフォーマットの自動変換に関する特許が出願されている．さらに，出願当時に未完成の管理シェルを活用したシステムに関する特許や，オープン領域である OPC-UA（Industrie 4.0 準拠のアプリケーション・プロトコ

---

[12] Plattform Industrie 4.0, Umsetzungsstrategie Industrie 4.0 (2015).

第 6 章　先進的な企業の取組み

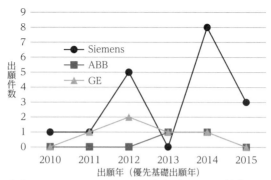

出典：CPC:G05B2219/34263 およびテキスト検索により著者作成

図 6.8　OPC-UA の特許出願数

ル）の周辺サービス展開を狙って，OPC-UA の導入補助や導入後の運用保守に関する周辺特許を固める企業が存在する．図 6.8 に示すとおり，2010 年は，OPC-UA に関する特許出願が少なかったものの，国際標準化の議論が深まるに伴い，Siemens が特許出願を増加させた．つまり，オープン領域を見据えた上で，それを利用して利益を得る知恵を絞り，利益獲得手段の 1 つとしてプロアクティブに特許を出願しているのである．

6.7.4　依然として活発なハードウェア特許出願

　かつて，GSM 標準規格では，携帯端末，基地局，交換機という 3 つの製品において，携帯端末と基地局のインタフェースに関する技術情報をオープン領域とした．これにより，新興国の参入が促進され，特に，中国企業が端末市場に参入した．安価な携帯端末が広範に普及することで，クローズ領域である基地局と交換機を提供する欧州企業は莫大な利益を得ることになった．

　では，デジタライゼーションに伴ってハードウェアが全般的にオープン領域になるとき，ハードウェアの特許出願は鈍化するだろうか．必ずしもそうではない．このとき，ハードウェアの特許戦略には，大別すると，データの収集源を維持しようと継続してハードウ

ェアを守る戦略と，新たなハードウェアで覇権を握る戦略がある．

前者については，たとえばガスタービンの分野において，GEやSiemensは，劣化診断などの運転保守関連技術や発電効率化などに注力しつつ，依然としてエンジンなどのハードウェア領域の特許出願で競合している[13]．その背景には，ガスタービン設備のコア製品であるエンジン部分が規格化されていないこともあるだろう．サービス事業を展開していくにあたり，自社のハードウェアをデータの収集源として組み込ませておくことが重要である．ソフトウェアおよびハードウェア両面での，選択と集中を意識した特許出願が必要である．

新たなハードウェアという点では，ソフトウェアの台頭から，求められるハードウェアの要求性能が高まっている領域がある．半導体の分野においてCPUをコア領域としたプラットフォームを成功させたIntelは，機械学習によって高速演算への要求性能が高まることに従い，ノイマン型アーキテクチャから脱却し，低消費電力で超高速演算を可能とするニューロ・モルフィックチップの開発に取組んでいる．そして，ニューロ・モルフィックチップに特徴的な機能を組み込んだ特許出願を行うようになった．また，Microsoftも半導体の設計に参入し，量子コンピューティングの特許出願を行っている．

このような動きを整理すると，価値創出の領域がソフトウェアにシフトしたことが，新たなハードウェアの競争領域を特定するに至ったと言える．各企業は，この新領域におけるプラットフォーマとしての覇権争いに向けて，Intelのマザーボードの場合に見られたように，標準化および知財戦略の成功事例を参考にするだろう．

6.7.5 特許戦略を読み解く視点

過去に成功を収めたIntelのマザーボードの事例を振り返りなが

---

[13] 特許庁，平成28年度特許出願技術動向調査報告書 (2015)．（概要）高効率火力発電・発電用ガスタービン．

ら，現在進行中のデジタライゼーションにおけるプラットフォームの動向を追っていくと，当該事例における標準化および知財戦略が踏襲されており，定石化していることが見受けられる．

また，本節では取り上げなかったが，企業買収や業務提携を行っているプラットフォーマについて，特許網の観点でその背景を探ると，プラットフォームに必要な特許の補完が目的と推測できる特許がある．また，主要企業による米国への出願が，依然として維持されているものの，中国への特許出願が重視されている．一国での独占的排他権の獲得よりも，デファクト標準という広がりで展開される可能性がある点を忘れてはならない．

6.8 まとめ

本章では，デジタル・イノベーションを進め，製造業で新たなビジネス展開を始めている欧米の企業の事例を紹介し，また主だった企業の特許戦略を分析した．

これらの事例に一貫していることは，ソフトウェア化やネットワーク化によりコネクティビティが格段に進むデジタライゼーション時代においては，サービス基盤型モデルであれ，両面プラットフォーム・モデルであれ，「企業の境界線」がより柔軟に，より容易に引き直される可能性があるということである．

経営学の世界における「企業の境界線」についての議論は，古くから論じられてきた．企業の境界線とは，簡単に言えば「何を他社に任せ，何を自社で行うか」の線引きである．企業内部の調整コストが市場取引のコストよりも大きい場合，市場が選択される（他社に任せる）とする取引コスト論（Coase, Williamson など）や，市場に存在するケイパビリティが少ない，あるいは劣っている場合（ビジネスを左右するものであれば特に）企業内部にケイパビリティを蓄積していくとするケイパビリティ論，それを環境に適用し，企業存続という観点からダイナミックに調整していくことが重要だ

とするダイナミック・ケイパビリティ論（Teeceなど）などが主である．また，小川[14]は，デジタル化が進んだ現代において，新興国など技術の格差を利用した国際標準化とグローバル市場展開を題材に，標準化や特許といった制度活用とその事前設計の重要性を論じた．これは「企業の境界線」は，制度の事前設計のしやすさ，そのパートナーの探索がカギとなることを示唆しているものと考えられる．

しかしながら，デジタライゼーション時代における企業の境界線は，法的な権利や義務の観点から存続するものの，ビジネスやテクノロジーにおいては実在感を伴わないものとなっていくだろう．第4章で述べたように，テクノロジー・プラットフォームとビジネスプラットフォームの一体化を人工知能などの技術とコネクティビティが進展させるからである．今後，そういった現象を説明する新たな論理体系が求められることになるだろう．

参考文献

[1] R. H. Coase, *The Firm, the Market, and the Law.* University Of Chicago Press (1990).
［邦訳］宮沢健一・後藤晃・藤垣芳文訳，『企業・市場・法』，東洋経済新報社（1992）．
[2] 日本知的財産協会 ソフトウェア委員会第3小委員会，オープンソースソフトウェアと特許に関する調査・解説，知財管理，Vol.67 No.12 (2017).
[3] 小川紘一，『国際標準化と事業戦略――日本型イノベーションとしての標準化ビジネスモデル』，白桃書房（2009）．
[4] 小川紘一，『オープン&クローズ戦略 日本企業再興の条件 増補改訂版』，翔泳社（2015）．
[5] 尾木蔵人，『決定版 インダストリー 4.0――第4次産業革命の全貌』，東洋経済新報社（2015）．
[6] 妹尾堅一郎，『技術力で勝る日本が，なぜ事業で負けるのか』，ダイヤモンド社（2009）．
[7] 立本博文，『プラットフォーム企業のグローバル戦略』，有斐閣（2017）．

---

[14] 小川紘一 [3].

[8] D. J. Teece, "Profiting from Technological Innovation: Implications for Integration, Collaboration, Licensing and Public Policy," *Research Policy*, Vol.15, No.6, pp.285-306 (1986).

[9] D. J. Teece, *Dynamic Capabilities and Strategic Management*, Oxford University Press, Usa; Reprint 版 (2011).
［邦訳］谷口和弘・蜂巣旭・川西章弘・ステラ・S・チェン訳,『ダイナミック・ケイパビリティ戦略』(2013).

[10] O. E. Williamson, *Markets and hierarchies: analysis and antitrust implications: a study in the economics of internal organization*, New York: The Free Press (1975). 浅沼萬里・岩崎晃訳,『市場と企業組織』,日本評論社,(1980).

[11] O. E. Williamson, Hierarchies, Markets and Power in the Economy: An Economic Perspective. In *Transaction Cost Economics: Recent Developments*, edited by C. Ménard. Cheltenham, Edward Elgar (1997). 中島正人・谷口洋志・長谷川啓之監訳『取引費用経済学—最新の展開—』,文眞堂(2002).

巻末参考文献

1. C. Baldwin and K. Clark, *Design Rules: The Power of Modularity*, Cambridge University Press (2000).
   ［邦訳］安藤晴彦訳,『デザイン・ルール：モジュラー化パワー』, 東洋経済新報社 (2004).
2. H. Chesbrough, *Open Innovation; The New Imperative for Creating and Profiting from Technology*, Harvard Business School Press 2006.
   ［邦訳］大前恵一郎訳,『OPEN INNOVATION - ハーバード流イノベーション戦略のすべて』, 産能大出版部 (2004).
3. H. Chesbrough, *Open Services Innovation: Rethinking Your Business to Grow and Compete in a New Era*, Jossey-Bass 2011.
   ［邦訳］博報堂大学 ヒューマンセンタード・オープンイノベーションラボ他監修,『オープン・サービス・イノベーション 生活者視点から, 成長と競争力のあるビジネスを創造する』, CCC メディアハウス (2012).
4. C. Christensen, *The Innovator's Dilemma: When New Technologies Cause Great Firms to Fail*, Harvard Business School Press 1999.
   ［邦訳］玉田俊平太監修, 伊豆原弓訳,『イノベーションのジレンマ（増補改訂版）』, 翔泳社 (2011).
5. R.H. Coase, *The Firm, the Market, and the Law*, University Of Chicago Press (1990).
   ［邦訳］宮沢健一, 後藤晃, 藤垣芳文訳,『企業・市場・法』, 東洋経済新報社 (1992).
6. C. Freeman, *The Economics of Industrial Innovation (3rd.ed.)*, Cambridge: MIT Press (1992).
7. 藤本隆宏, 武石彰, 青島矢一編,『ビジネス・アーキテクチャ』, 有斐閣 (2001).
8. A. Gawer, and M.A. Cusumano, *Platform Leadership*, Harvard Business School Press (2002).
   ［邦訳］小林敏男訳,『プラットフォーム・リーダーシップ』, 有斐閣 (2005).
9. I. Goodfellow, Y. Bengio, and A. Courville, *Deep Learning*, The MIT Press (2016).
10. S. Haykin, *Neural Networks and Learning Machines* (3ed.), Pearson India (2016).
11. M. Iansiti, and R. Levien, *The Keystone Advantage: What the New Dynamics of Business Ecosystems Mean for Strategy, Innovation, and Sustainability*, Harvard Business School Press (2004).

[邦訳] 杉本幸太郎訳,『キーストーン戦略』, 翔泳社 (2007).
12. 伊丹敬之, 森健一,『技術者のためのマネジメント入門』, 日本経済新聞社 (2006).
13. 井上崇通, 村松潤一,『サービス・ドミナント・ロジック マーケティング研究への新たな視座』, 同文舘出版 (2010).
14. 情報処理学会 歴史特別委員会編,『日本のコンピュータ史』, オーム社 (2010).
15. E.A. Lee and S.A. Seshia, *Introduction to Embedded Systems (1st ed.)*, http://LeeSechia.org/ (2010).
16. R.F. Lusch and S.L. Vargo, *Service-Dominant Logic: Premises, Perspectives, Possibilities*, Cambridge University Press (2014).
[邦訳] 井上崇通監訳, 庄司真人, 田口尚史共訳,『サービス・ドミナント・ロジックの発想と応用』, 同文舘出版 (2016).
17. M. Mazzucato, *The Entrepreneurial State: Debunking Public vs. Private Sector Myths*, Anthem (2013).
[邦訳] 大村昭人訳,『企業家としての国家』, 薬事日報社 (2015).
18. A. McAfee and E. Brynjolfsson, *Machine, Platform, Crowd: Harnessing our digital future*, W. W. Norton & Company (2017).
[邦訳] 村井章子訳,『プラットフォームの経済学 機械は人と企業の未来をどう変える?』, 日経BP社 (2018).
19. 中島震, みわよしこ,『ソフト・エッジ』, 丸善ライブラリー (2013).
20. 中谷多哉子, 中島震,『ソフトウェア工学』, 放送大学教育振興会 (2019).
21. 根来龍之,『プラットフォームの教科書 超速成長ネットワーク効果の基本と応用』, 日経BP社 (2017).
22. 延岡健太郎,『マルチプロジェクト戦略-ポストリーンの製品開発マネジメント』, 有斐閣 (1996).
23. P.G. Neumann, *Computer Related Risks*, Addison-Wesley (1994).
[邦訳] 滝沢徹, 牧野祐子訳,『あぶないコンピュータ』, ピアソン・エデュケーション (1999).
24. 小川紘一,『国際標準化と事業戦略――日本型イノベーションとしての標準化ビジネスモデル』, 白桃書房 (2009).
25. 小川紘一,『オープン&クローズ戦略――日本企業再興の条件 (増補改訂版)』, 翔泳社 (2015).
26. 尾木蔵人,『決定版 インダストリー4.0――第4次産業革命の全貌』, 東洋経済新報社 (2015).
27. C. Perrow, *Normal Accidents: Living with High-Risk Technologies*, Princeton University Press (1999).
28. 妹尾堅一郎,『技術力で勝る日本が, なぜ事業で負けるのか』, ダイヤモンド社 (2009).

29. C. Shapiro and Hal R. Varian, *Information Rules: A Strategic Guide to the Network Economy*, Harvard Business Review Press (1998).
［邦訳］千本倖生，宮本喜一，『ネットワーク経済の法則』，IDG コミュニケーションズ (1999).
30. H. Simon, *Hidden Champions of the Twenty-First Century: The Success Strategies of Unknown World Market Leaders*, Springer (2009).
［邦訳］上田隆穂，渡部典子，『グローバルビジネスの隠れたチャンピオン企業』，中央経済社 (2012).
31. J.D. Sterman, *Business Dynamics: Systems Thinking and Modeling for a Complex World*, Irwin McGraw-Hill (2000).
32. 田口尚史，『サービス・ドミナント・ロジックの進展』，同文舘出版 (2017).
33. 玉井哲雄，『ソフトウェア社会のゆくえ』，岩波書店 (2012).
34. 立本博文，『プラットフォーム企業のグローバル戦略』，有斐閣 (2017).
35. D.J. Teece, *Dynamic Capabilities and Strategic Management*, Oxford University Press (2011).
［邦訳］谷口和弘，蜂巣旭，川西章弘，ステラ・S・チェン訳，『ダイナミック・ケイパビリティ戦略』，ダイヤモンド社 (2013).
36. 所真理雄，松岡聡，垂水浩幸編，『オブジェクト指向コンピューティング』，岩波書店 (1993).
37. 所眞理雄編著，『DEOS　変化しつづけるシステムのためのディペンダビリティ工学』，近代科学社 (2014).
38. 徳田昭雄，立本博文，小川紘一編著，『オープン・イノベーション・システム』，晃洋書房 (2011).
39. 内平直志，『戦略的 IoT マネジメント』，ミネルヴァ書房 (2018).
40. D.E. Williamson, *Markets and hierarchies: analysis and antitrust implications: a study in the economics of internal organization*, The Free Press (1975).
［邦訳］浅沼萬里，岩崎晃訳，『市場と企業組織』，日本評論社 (1980).

編者略歴

高梨 千賀子（たかなし　ちかこ）
 2007 年　一橋大学大学院 商学研究科 博士課程後期課程修了，
　　　博士（商学）
 現在：立命館アジア太平洋大学 国際経営学部 准教授
　　　イノベーション戦略，国際標準化戦略，Industrie 4.0，IoT ビ
　　　ジネス関連分野の研究に従事
 著書：『ビジネスモデルイノベーション』（共著），白桃書房（2011），
　　　『コンセンサス標準戦略—事業活用のすべて』（共著），日本経
　　　済新聞出版社（2008），『ビジネス・アーキテクチャー製品・組
　　　織・プロセスの戦略的設計』（共著），有斐閣（2001）など

福本 勲（ふくもと　いさお）
 1990 年　早稲田大学大学院 理工学研究科 修士課程修了
 現在：東芝デジタルソリューションズ（株）　担当部長
　　　「ものづくり IoT 事業・ビジネスの企画および
　　　マーケティング」を担当

中島 震（なかじま　しん）
 1981 年　東京大学大学院 理学系研究科 修士課程修了，
　　　博士（学術，東京大学）
 現在：情報・システム研究機構 国立情報学研究所 教授
　　　ソフトウェア工学，形式手法，自動検証，CPS イノベーション
　　　などの研究に従事
 著書：『SPIN モデル検査』近代科学社（2008），『形式手法入門』，オ
　　　ーム社（2012），『Event-B』（共著），近代科学社（2015），『ソ
　　　フトウェア工学』（共著），放送大学教育振興会（2019）など

索 引

英字

Application Programming Interface (API)　27
ARTEMIS　16
as a Service　59
BizDevOps　84
Connected Industries　121
CPS　33, 37
CPS Framework 1.0　109
CPS フラワー　35
Cyber-Physical Systems(CPS)　15
D-Case　97
DevOps　31
E タイプ　24
G-D ロジック　54
IIRA　111
Industrial Internet Consortium (IIC)　110
Industrie 4.0　100
Industry of the Future　116
IVI　123
Known Knowns　22
Plattform Industrie 4.0　101
RAMI4.0　103
S-D ロジック　54
SCAI　90
SEC プログラム　34
Society 5.0　viii, 121
System of Systems(SoS)　15
V 字モデル　96

あ 行

アウトカム　58
アクター　79
アジャイル開発　28
アセット保有　145
当たり前の不具合　20
安全性　19
イノベーション・デザイン　83
インストールベース　127
インダストリアル・インターネット　134
エコシステム　65
オープン＆クローズ・キャンバス　92
オープン＆クローズ戦略　vi
オープン・サービス・イノベーション　69
オブジェクト指向技術　37
オブジェクト指向フレームワーク　27
オペレーティング・システム　25
オンプレミス　132

か 行

概念実証　23, 85
革新的イノベーション　9
仮想化　25
価値共創システム　79
価値共創ステップ　125
価値設計　85
管理シェル　105
機械学習　39
企業の境界線　154
技術流出　107
狭義の IoT　13
競争環境の組換え　143
偶発的な欠陥　20
クネビン・フレームワーク　22
クラウド・プラットフォーム　29
経済革命　ii
ケイパビリティ　146
欠陥　20
決定論的な欠陥　20
工学的な設計手法　83
広義の IoT　14

161

索　引

顧客視点　142
国際標準化　151
コネクティビティ　13
コモディティ化　52
困難マップ　88

さ　行

サービス・ドミナント・ロジック　54
サービス基盤型モデル　71
サービタイゼーション　53
最適化問題　40
サイト信頼性エンジニアリング　32
サイバー・フィジカル・システム　33
サイバネティックス　34
収益モデル　56
使用価値　54
消費者余剰　75
信頼性　19
スマート・プロダクト　14
スマート製品化　128
製品アーキテクチャ　66
製品品質　43
漸進的イノベーション　9
戦略設計　87
ソフトウェア・デファインド・マシーン　134
ソフトウェア化　52
ソフトウェア保守　31

た　行

第 3 次経済革命　iii
ダイナミック Y 字モデル　96
知財戦略　147
中国製造 2025　119
提案価値　90
ディペンダビリティ　19
データセット　39
データセット多様性　46
データの取得・使用権獲得　145
適応保守　31
敵対データ例　43

デジタル・エンタープライズ　130
デジタル化　51
テスト不可能　45
テストベッド　115
デファクト・スタンダード　111
デプロイメント　29
閉じたループ　17, 33, 38
特許戦略　151
特許パターン　147

な　行

ニューラル・ネットワーク　39
ネットワーク化　12

は　行

ハードウェア特許出願　152
パラダイム　36
ビジネス・システム　56
ビジネス関連発明　149
ビジネスモデル　56
ビジネスモデル・キャンバス　89
ビル設備一括管理サービス　81
ファイナンス・スキーム　145
不具合　20
プラットフォーマ　68
プラットフォーム・リーダーシップ　64
プラットフォーム企業　67
フリーミアム　75
プロジェクト FMEA　94
プロジェクト設計　87
文脈価値　54
補完財　75

ま　行

マーケット・メッセージ　137
マーケティング機能　124
マイクロ・サービス　31
メタモルフィック・テスティング　45
モジュール化　51
モノづくりの階層　107

や 行

ユースケース 102
要求工学 23

ら 行

リスクマネジメント 87

リファレンス・アーキテクチャ 111
利用時品質 43
両面市場 67
両面プラットフォームモデル 71
ロックイン現象 125

デジタル・プラットフォーム解体新書
―製造業のイノベーションに向けて―

© Naoshi Uchihira, Jun Otani, Koichi Ogawa, Chikako Takanashi, Shin Nakajima, Kimihiro Nakamura, Yoichi Nonaka, Isao Fukumoto, Hiroshi Yamamoto

Printed in Japan

2019 年 4 月 30 日　初版第 1 刷発行

編著者	高梨千賀子　福本　勲　中島　震
著　者	内平直志　大谷　純　小川紘一　高梨千賀子　中島　震 中村公弘　野中洋一　福本　勲　山本　宏
発行者	井芹昌信
発行所	株式会社 近代科学社 〒162-0843　東京都新宿区市谷田町 2-7-15 電話 03-3260-6161　振替 00160-5-7625 https://www.kindaikagaku.co.jp

大日本法令印刷　　ISBN978-4-7649-0589-4
定価はカバーに表示してあります。

近代科学社の近刊書

ドイツに学ぶ科学技術政策

永野 博 著

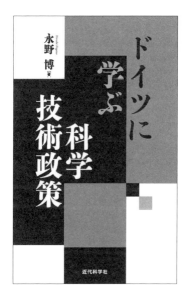

A5変型・272頁・定価2,700円＋税

インダストリー4.0は、なぜ実現できたのか

　EUのリーダーであるドイツは，近年，インダストリー4.0により脚光を浴びている．本書は19世紀以降の歴史的背景をふまえ，ドイツにおける産業・研究が，どのような仕組みの中で発展してきたかを解説する．特に産学公の連携については，各研究所の管轄行政機関，運営費・研究費用の拠出元，将来に向けての人材育成システムなどを，日本と比較しながら詳述し，日本の施策に対しての提言も行っている．

近代科学社の近刊書

スマートモビリティ革命
未来型 AI 公共交通サービス SAVS

編著：中島秀之、松原仁、田柳恵美子
著者：スマートシティはこだてラボ + 未来シェア
A5 変型判・200 頁・定価 2,500 円 + 税

知能はどこから生まれるのか？
ムカデロボットと探す「隠れた脳」

著：大須賀 公一
A5 変型・192 頁・定価 2,300 円 + 税

日本語 - 英語バイリンガル・ブック
マインドフルネス：沈黙の科学と技法

著：松尾 正信
A5 変型・208 頁・定価 1,800 円 + 税

マリン IT の出帆
舟に乗り 海に出た 研究者のお話

著：和田雅昭＆マリンスターズ
（公立はこだて未来大学出版会）
四六判・160 頁・定価 1,800 円 + 税